卓越幼师培养系列·新型活页式

婴幼儿生活照护

谭冠著　罗东月　主编

电子工业出版社·
Publishing House of Electronics Industry
北京·BEIJING

内 容 简 介

本书为婴幼儿保育专业校企合作成果之一，全书针对婴幼儿照护者日常工作所必备的知识和技能，合理设置内容，并体现情境化教学的理念。全书突出职业特色，强调操作性，共分 7 个模块，主要内容包括婴幼儿辅食制作、婴幼儿喂哺照料、婴幼儿睡眠照料、婴幼儿二便照料、婴幼儿盥洗照料、婴幼儿物品的清洁与消毒、婴幼儿出行安全照料。

本书可作为职业院校婴幼儿保育专业教材。

图书在版编目（CIP）数据

婴幼儿生活照护 / 谭冠著，罗东月主编 . —北京：电子工业出版社，2022.4
ISBN 978-7-121-43222-4

Ⅰ . ①婴⋯ Ⅱ . ①谭⋯ ②罗⋯ Ⅲ . ①婴幼儿–哺育 Ⅳ . ① TS976.31

中国版本图书馆 CIP 数据核字（2022）第 051999 号

责任编辑：朱怀永
印　　刷：天津画中画印刷有限公司
装　　订：天津画中画印刷有限公司
出版发行：电子工业出版社
　　　　　北京市海淀区万寿路 173 信箱　邮编：100036
开　　本：787×1092　1/16　印张：16　字数：409.6 千字
版　　次：2022 年 4 月第 1 版
印　　次：2023 年 6 月第 3 次印刷
定　　价：54.80 元

凡所购买电子工业出版社图书有缺损问题，请向购买书店调换。若书店售缺，请与本社发行部联系，联系及邮购电话：(010) 88254888，88258888。

质量投诉请发邮件至 zlts@phei.com.cn，盗版侵权举报请发邮件至 dbqq@phei.com.cn。

本书咨询联系方式：(010) 88254608，zhy@phei.com.cn。

本书编委会

主　编：谭冠著　罗东月

副主编：蒙世云　朱海娟　梁蓉蓉　罗周萍

　　　　蓝丹妮　唐佳佳

编　委：韦凤赛　韦联敏　覃月才　蓝　萍

　　　　袁小红　黄正红　吴成军　吴晓丹

　　　　刘　卓　黄　力　赵坤兰　韦富腾

前　言

在国家推动各地将中职学前教育专业转设为婴幼儿保育及相关专业的背景下，婴幼儿保育专业成为新兴专业，目前适用于该专业教学的教材种类较少，而且不成体系。在政策解读、专业岗位能力分析的基础上，编者所在学校系统规划了婴幼儿保育专业的课程体系，并将"婴幼儿生活保育"作为该专业的核心课程之一。依据《婴幼儿照护职业技能等级标准》《母婴护理职业技能等级标准》，在分析婴幼儿保育行业用人需求和从业人员应具备的知识和技能的基础上，将工作任务及职业能力要求转换成本书的相应内容。

本书主要内容由婴幼儿辅食制作、婴幼儿喂哺照料、婴幼儿睡眠照料、婴幼儿二便照料、婴幼儿盥洗照料、婴幼儿物品的清洁与消毒、婴幼儿出行安全照料七大模块构成。通过学习和训练，婴幼儿保育专业学生能够真正掌握婴幼儿生活保育的知识和各项技能，并在实践中灵活运用。

本书推陈出新，摒弃了传统教材中单纯的理论知识讲解，采用新型活页式的编写体例，把实际岗位的工作内容划分为不同的模块，并把岗位所需的知识与技能科学合理地分配到各模块中，每个模块包括模块概述、知识点与技能点、工作任务、模块测试四个部分，在工作任务中，又包含情境描述、任务目标、工作表单、反思评价、学习支持五个环节。学生通过阅读情境描述中的具体案例，完成工作表单中的任务，从而达成每个任务的既定目标，掌握相关技能；反思评价环节可以让学生及时地对本任务和模块的学习内容进行总结和反思；学习支持环节则为学生提供相关理论支持。

本书由广西教育科学规划立项重点课题"1+X证书制度与中职婴幼儿保育专业人才培养融合路径研究与实践"主持人、婴幼儿保育品牌专业建设负责人谭冠著和罗东月主编，联合幼乐美（北京）教育有限公司、湖南金职伟业母婴护理有限公司及多所职业院校婴幼儿保育专业骨干教师共同编写，以最新行业标准与规范为指南，将在婴幼儿园、早教中心、托育机构调研中获得的大量实例有机融入书中，突出新型活页式教材的特色。本书具体编写分工如下：唐佳佳负责编写模块一，蓝丹妮负责编写模块二，罗周萍负责编写模块三，罗东月负责编写模块四及模块五，梁蓉蓉负责编写模块六，蒙世云负责编写模块七。

在本书的编写过程中，得到了卓越云师朱海娟主任、吴婷老师及湖南金职伟业母婴护理有限公司潘建明总经理的大力支持和指导，在此深表感谢。尤其感谢卓越云师朱海娟主任，给出了活页式教材编写的体例模板，并提供了大量的参考资料。编者衷心地希望本书能为我国婴幼儿保育人才培养提供支持和帮助。由于编者能力有限，本书在层次结构及内容上还有诸多不足，敬请各位读者批评指正。

编　者

2021 年 8 月

目 录

模块一　婴幼儿辅食制作

一、模块概述

　　婴幼儿的消化系统尚未发育成熟，所以婴幼儿科学喂养尤为重要。照护者需要掌握健康的膳食结构，并在婴幼儿日常饮食中进行均衡的营养搭配，才能让婴幼儿拥有健康的体魄。这就要求照护者掌握基本的营养知识，具有食材的搭配与制作能力。本模块知识点包括食物中富含的营养素、食材选购方法、婴幼儿膳食的合理搭配，技能点包括选购新鲜优质食材、制作6～36个月婴幼儿辅食、正确使用烹饪工具。

二、知识点与技能点

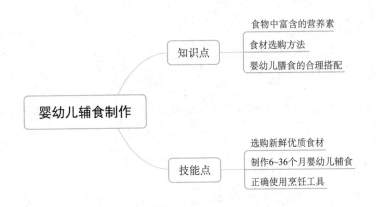

三、工作任务

任务一　帮助图图补充营养

1. 情境描述

李阳在某托育机构工作多年，有着丰富的保育经验。这一段时间，她发现 3 岁的图图不喜欢吃饭，吃饭时也只吃肉，不吃青菜和米饭，经常感冒和发烧，每次感冒和发烧都要半个月以上才能痊愈。图图的身高也比同龄的小朋友矮，而且头发枯黄。李阳猜测图图可能是缺锌，于是建议图图的父母带他去医院检查微量元素。图图妈妈听取了李阳的建议，带图图去医院验血，结果显示图图缺锌。医生建议给图图补锌，医生给图图开了一些补锌和补铁的口服溶液，并建议家长平时要注意图图的饮食搭配，补充多种营养素。

问题：

（1）结合案例，请你说一说李阳老师是如何判断出图图身体缺锌的呢？婴幼儿缺锌会出现哪些典型症状？（完成工作表单 1）

（2）除了喝补锌口服液之外，我们还可以采用什么方式补锌？哪些食物富含锌元素呢？除了案例中提到的微量元素，人体所需的营养素还包括哪些？（完成工作表单 2）

（3）为了让婴幼儿获得充足的营养，婴幼儿的辅食应该是怎样的结构呢？请画出膳食宝塔。（完成工作表单 3）

2. 任务目标

（1）了解营养素的生理功能和缺乏营养素会导致的症状。

（2）了解各种食物中所包含的营养素。

（3）掌握膳食宝塔的组成。

（4）能够运用膳食宝塔为婴幼儿合理搭配辅食。

3. 工作表单

工作表单 1 如表 1-1 所示。

表 1-1

工作表单 1	缺锌的症状	姓名		学号	
		评分人		评分	

1. 结合案例，请你说一说李阳老师是如何判断出图图身体缺锌的呢?

李阳老师是通过_____

_____

_____

_____判断出图图身体缺锌的。

2. 婴幼儿缺锌会出现哪些典型症状?

工作表单 2 如表 1-2 所示。

表 1-2

工作表单 2	认识营养素	姓名		学号	
		评分人		评分	

1. 除了喝补锌口服液之外，我们还可以采用什么方式补锌?

2. 哪些食物富含锌元素呢?

富含锌元素的食物有＿＿＿＿＿＿＿＿＿＿＿＿＿＿＿＿＿＿＿＿＿＿＿＿

＿＿＿＿＿＿＿＿＿＿＿＿＿＿＿＿＿＿＿＿＿＿＿＿＿＿＿＿＿＿＿＿＿＿

＿＿＿＿＿＿＿＿＿＿＿＿＿＿＿＿＿＿＿＿＿＿＿＿＿＿＿＿＿＿＿＿＿＿

3. 除了案例中提到的微量元素，人体所需的营养素还包括哪些?

工作表单 3 如表 1-3 所示。

表 1-3

| 工作表单 3 | 婴幼儿膳食宝塔 | 姓名 | | 学号 | |
| | | 评分人 | | 评分 | |

为了让婴幼儿获得充足的营养，婴幼儿的辅食应该是怎样的结构呢？请画出膳食宝塔。

4. 反思评价

（1）如果你是图图的妈妈，你会怎样调整图图的辅食呢?

_____

_____

_____

（2）请你对本次任务进行评价，填写表 1–4。

表 1–4

评价内容	自　　评
课堂活动参与度	☆ ☆ ☆ ☆ ☆
小组活动贡献度	☆ ☆ ☆ ☆ ☆
学习内容接受度	☆ ☆ ☆ ☆ ☆

5. 学习支持

（1）营养素。

营养素是指食物中含有的、能够维持生命健康并促进机体生长发育的化学物质。婴幼儿与成人的区别是，除了需要营养素以维持一切生命活动及修补组织损耗，还应保证其生长发育之需。

（2）营养素的分类。

根据营养素的化学性质和生理作用可将营养素分为蛋白质、脂肪、糖类、无机盐、碳水化合物、维生素等。根据人体对各种营养素的需求量或体内的含量，可将营养素分为宏量营养素和微量营养素。人体对宏量营养素需求量较大，包括蛋白质、脂肪、糖类、碳水化合物；人体对微量营养素的需求较少，包括矿物质和维生素。

根据在人体内的含量不同，有机盐分为常量元素和微量元素。常量元素指在人体内的含量大于 0.01% 的有机盐，包括钙、钠、磷、钾等；微量元素指在人体内含量小于 0.01% 的有机盐，包括碘、锌、硒、铜、铁等。

维生素包括脂溶性维生素（维生素 A、D、E、K 等）和水溶性维生素（维生素 B 族、维生素 C）。

（3）三大营养素的生理功能、缺乏症、食物来源。

三大营养素的生理功能、缺乏症、食物来源如表 1-5 所示。

表 1-5

三大营养素	生理功能	缺乏症	食物来源
蛋白质	1. 是人体的重要组成部分。 2. 构成酶、激素、抗体等生理活性物质。 3. 维持内环境稳定	蛋白质缺乏会造成营养不良、生长发育迟缓、免疫力低下等	动物蛋白质：如禽肉、畜肉、鱼肉、蛋类和奶制品等。 植物蛋白质：主要来自坚果类和豆类
脂肪	1. 提供能量。 2. 是构成组织的重要成分。 3. 保护内脏和维持体温。 4. 提供必需的脂肪酸。 5. 促进脂溶性维生素的吸收	摄入不足会影响大脑发育，引起能量不足、生长缓慢、脂溶性维生素缺乏症、智力发育迟缓等	动物性脂肪：猪油、牛油、奶油和鱼油等。 植物性脂肪：豆油、花生油、玉米油和橄榄油等
碳水化合物	1. 能量供给。 2. 维持神经组织的生理功能。 3. 合成肝糖元与肌糖元。 4. 减少蛋白质消耗	摄入不足会造成婴幼儿发育迟缓、体重减轻、低血糖等	各种薯类、谷类和根茎类植物等

（4）维生素的生理功能、缺乏症、食物来源。

维生素的生理功能、缺乏症、食物来源如表 1-6 所示。

表1-6

维生素种类	生理功能	缺乏症	食物来源
维生素A	1. 参与视紫红质合成。 2. 有助于细胞生长和繁殖。 3. 提高免疫功能，减少疾病发生	造成干眼症、夜盲症、毛囊周角化病等	动物性食物：动物肝脏、奶粉、蛋黄和鱼肝油等。 植物性食物：深绿色和黄色蔬菜及水果等
维生素D	促进小肠黏膜细胞对钙和磷的吸收，促进骨骼生长	婴幼儿表现为佝偻病；成年人表现为骨质软化和骨质疏松	外源性：多来自海鱼和动物肝脏。 内源性：在阳光直射人体皮肤时合成
维生素B_1	又称硫胺素，是促进物质和能量转化的关键物质，促进生长发育	引起多发性神经炎（脚气病）	主要存在于粗粮、豆类、坚果、动物内脏中
维生素B_2	又称核黄素，是多种氧化酶不可缺少的组成成分，参与铁的吸收、储存	引起口腔-生殖综合征（结膜充血、口腔黏膜病变、阴囊炎等）、婴幼儿生长发育迟缓等	主要存在于动物性食物中，尤其奶类含量丰富
维生素C	又称抗坏血酸，参与激素合成，维持血管、肌肉、骨骼、牙齿的正常功能	导致血管破裂、假性瘫痪等	主要存在于新鲜的蔬菜和水果中

（5）无机盐的生理功能、缺乏症、食物来源。

无机盐的生理功能、缺乏症、食物来源如表1-7所示。

表 1-7

矿物质	生理功能	缺乏症	食物来源
钙	1. 使骨骼和牙齿更坚硬。 2. 维持神经肌肉的正常兴奋性。 3. 参与血液凝固，维持体液酸碱平衡	引起神经兴奋性增强，表现为手足抽搐、心脏搏动功能紊乱和凝血功能下降等	最好的是奶制品，其他如虾皮、海带及豆制品等
锌	1. 促进生长发育、组织再生和伤口愈合。 2. 维持人体正常味觉，促进食欲	婴幼儿体格增长缓慢，食欲差，易感染，容易感冒或发烧，创伤愈合不良，甚至产生异食癖	海产品、动物内脏中含量丰富
铁	是血红蛋白、肌红蛋白和多种酶的组成成分	出现缺铁性贫血，影响许多系统的功能	肝脏、瘦肉、蛋黄、绿叶蔬菜等
碘	主要存在于甲状腺中，调节人体各种生理功能和促进婴幼儿生长发育	引起碘缺乏症	主要存在于海产品中，如海带、紫菜等

（6）1～3 岁婴幼儿平衡膳食宝塔。

1～3 岁婴幼儿平衡膳食宝塔如图 1-1 所示。

第一层（底层）：母乳和乳制品。母乳喂养，可持续至 2 岁；或喂养婴幼儿配方乳制品 80～100g。

第二层：谷类（包括米和面粉等食物）100～150g。

第三层：蔬菜类（新鲜绿、红、黄色蔬菜及菌藻类）150～200g；水果类 150～200g。

第四层：蛋类、鱼虾类、畜禽瘦肉等 100g。

第五层：植物油 20～25g。

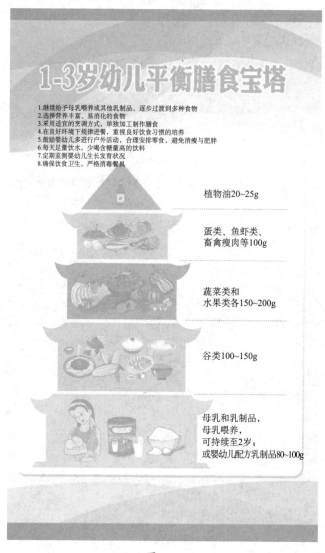

图 1-1

任务二　帮助妈妈给晨晨选择正确的食材

1. 情境描述

晨晨已经快 10 个月了，妈妈开始给晨晨制作各种各样的辅食。制作辅食可使用的食材种类繁多，且每种食材的用量又比较少，作为一个新手，妈妈每次在选择食材时都会遇到不少麻烦。这一天，妈妈想为晨晨制作一道土豆饼辅食。她找出家里的土豆，发现土豆已经发芽了，于是将其丢到垃圾桶中，打算去超市重新购买新鲜的土豆。

奶奶却觉得这样扔掉太可惜了，打算把土豆发芽的地方切掉，然后再蒸着吃。妈妈极力反对，认为吃发芽的土豆会中毒；奶奶却认为很多发芽的食物都能吃，土豆也不例外。最终妈妈坚持去超市挑选新鲜的食材。

问题：

（1）结合案例，说一说妈妈和奶奶之间发生了什么冲突？她们各自的观点是什么？你认为谁做得对呢？（完成工作表单 1）

（2）发芽的土豆为什么不能食用？还有哪些发芽的蔬菜不能食用呢？在婴幼儿食材选择方面，应该注意哪些事项呢？（完成工作表单 2）

2. 任务目标

（1）掌握食材的选购方法。

（2）能使用正确的方法给婴幼儿制作新鲜健康的食品。

3. 工作表单

工作表单 1 如表 1-8 所示。

表 1-8

工作表单 1	选择食材的冲突	姓名		学号	
		评分人		评分	

1. 结合案例，说一说妈妈和奶奶之间发生了什么冲突?

2. 她们各自的观点是什么? 你认为谁做得对呢?

妈妈的观点是:_____

_____

_____。

奶奶的观点是:_____

_____

_____。

我认为正确的是:_____

_____

_____。

因为_____

_____

_____。

工作表单 2 如表 1-9 所示。

表 1-9

工作表单 2	给婴幼儿选择正确的食材	姓名		学号	
		评分人		评分	

1. 发芽的土豆为什么不能食用? 还有哪些发芽的蔬菜不能食用呢?

2. 在婴幼儿食材选择方面，应该注意哪些事项呢?

（1）根据婴幼儿_____的需要。

（2）选择营养而又易于_____的食物。

（3）保证食物的_____，一定不能选购霉烂_____的食物，以及被_____、

_____等污染的食物和超过保质期的食物，也要避免食用发芽的马铃薯等有毒副作用的

食物。

4. 反思评价

（1）如果你是一位婴幼儿的照护者，你如何为婴幼儿选购各种食材呢?

_____

_____

_____

（2）请你对本次任务进行评价，填写表 1-10。

表 1-10

评价内容	自　　评
课堂活动参与度	☆ ☆ ☆ ☆ ☆
小组活动贡献度	☆ ☆ ☆ ☆ ☆
学习内容接受度	☆ ☆ ☆ ☆ ☆

5. 学习支持

（1）选择制作婴幼儿辅食的豆类食材。

首先应观察豆的颜色及成熟度，质量好的豆颜色正常，有光泽，豆粒饱满，豆皮紧绷。其次还应观察不完整豆粒的多少，质量较好的豆，极少有破粒、霉变、发芽等情况。

（2）选择制作婴幼儿辅食的蔬菜。

①陆地蔬菜。

不购买颜色异常的蔬菜。如在购买胡萝卜时要检查其是否掉色。

不购买形态异常的蔬菜。不新鲜的蔬菜会出现干枯、损伤、扭曲、病变等异常形态。

不购买气味异常的蔬菜。部分不法商贩为了使蔬菜的卖相更好看，使用有毒有害的化学药剂（如硫、硝等溶液）进行浸泡，这些物质会使蔬菜有异味，而且不容易被冲洗掉。

② 海洋蔬菜。

干海带的种类很多，以色泽发黑、无泥沙杂质、干燥为佳，其泡发后以呈嫩绿色、质薄、软、入口清新为上。海盐腌制过的干海带，不适合婴幼儿食用。

紫菜以色泽紫红、无泥沙杂质、干燥为佳。

（3）制作婴幼儿辅食的五谷选择。

优质小米颗粒大小均匀，颜色呈现出均匀的乳白色、黄色或金黄色，光泽度很好，闻起来有清香，尝起来味道微甜。

正常的面粉（不添加任何增白剂）色泽乳白或者微微发黄（而不是雪白或者灰白），闻起来有一股小麦的清香。

纯麦片由燕麦颗粒制成，外观扁平，直径相当于黄豆颗粒大小，形状完整。最好选择锡纸包装的燕麦片。

（4）水果的选择。

建议挑选当季水果。

挑选水果的要领是一闻、二看、三捏。一闻有没有水果应该有的香味，有没有怪味；二看颜色和光泽，观察水果有没有发黑或者腐烂；三捏，从软硬程度判断水果是否成熟。

（5）肉类的选择。

① 猪肉。

新鲜猪肉的肌肉红色均匀，有光泽，脂肪洁白；外表微干或微湿润，不黏手；指压后凹陷立即恢复；具有鲜猪肉的正常气味。次新鲜猪肉的肌肉颜色稍暗，脂肪缺乏光泽；外表干燥或黏手，新切面湿润；指压后的凹陷恢复慢或不能完全恢复，有氨味或酸味。

② 牛肉。

新鲜牛肉呈均匀红色且有光泽，脂肪为洁白或淡黄色，外表微干或有风干膜，触摸不黏手，富有弹性。变质牛肉颜色暗无光泽，脂肪为淡黄绿色，黏手或极度干燥，用手按压后凹陷不能复原，留下明显的指压痕。

任务三　小李老师为婴幼儿制作辅食

1. 情境描述

小李老师刚刚毕业，进入一所托幼机构工作。她的主要工作内容是为1岁以内婴幼儿制作辅食。小李老师每天按照制定好的食谱给托幼机构里的几个不同月龄段的婴幼儿制作辅食。星期五的下午，小李老师打算按照食谱给8个月大的婴幼儿们制作苹果泥和猪肉土豆泥。她先把土豆洗干净并蒸熟，然后把猪肉洗干净、切碎并蒸熟。这个时候她看了一下时钟，感觉时间有些紧张，于是就把材料都放进了搅碎机中，然后一起打碎。

问题：

（1）案例中小李老师制作辅食的过程正确吗？为什么？为婴幼儿制作辅食的正确步骤是什么？（完成工作表单1）

（2）请你为8个月大的婴幼儿制作一道辅食，并写下原材料与制作方法。（完成工作表单2）

2. 任务目标

（1）了解辅食的制作方法。

（2）能运用正确的烹饪方法制作辅食。

（3）能为6~36个月大的婴幼儿制作辅食。

3. 工作表单

工作表单1如表1-11所示。

表 1–11

工作表单 1	辅食制作方法	姓名		学号	
		评分人		评分	

1. 案例中小李老师制作辅食的过程正确吗？为什么？

2. 为婴幼儿制作辅食的正确步骤是什么？

① _____。

② 切小块。

③ _____。

④ 使用辅助工具搅打成泥（小月龄段）。

工作表单 2 如表 1-12 所示。

表 1-12

工作表单 2	尝试制作辅食	姓名		学号	
		评分人		评分	

请你为 8 个月大的婴幼儿制作一道辅食，并写下原材料与制作方法。

4. 反思评价

（1）今天的课程你收获了什么？如果你有了自己的宝宝，你会为你的宝宝制作哪款辅食呢？为什么？

_____

_____

_____

（2）请你对本次任务进行评价，填写表 1–13。

表 1–13

评价内容	自 评
课堂活动参与度	☆ ☆ ☆ ☆ ☆
小组活动贡献度	☆ ☆ ☆ ☆ ☆
学习内容接受度	☆ ☆ ☆ ☆ ☆

5. 学习支持

这里重点推荐一些 6 个月以上婴幼儿的辅食。在 6～8 个月，应让婴幼儿吃泥状的、糊状的和半固体状的食物。在 7～8 个月，要让婴幼儿学会吃高质量的菜粥或烂面条，这有利于婴幼儿学习咀嚼和吞咽。在这个关键时期，婴幼儿学会吃菜粥或烂面条，就可以顺利过渡到吃较软的饭或其他面食的阶段。

（1）肝肉泥。

原料：猪肝和瘦猪肉适量，姜汁适量。

做法：将猪肝和瘦猪肉洗净，去筋，放在砧板上，用不锈钢汤匙按同一方向以均衡的力量刮削，制成肝泥、肉泥；然后将肝泥和肉泥放入碗内，加入少许冷水、姜汁和盐搅拌均匀，放入蒸笼蒸熟即可食用。

功效：有利于改善贫血。

（2）猪骨胡萝卜泥。

原料：胡萝卜一小段，猪骨适量。

做法：猪骨洗净，与胡萝卜同煮，并放入2滴醋。待汤汁浓厚、胡萝卜酥烂时，捞出猪骨和杂质，用勺子将胡萝卜碾碎即可。

功效：猪骨中的脂肪可促进婴幼儿对胡萝卜素的吸收。

（3）鸡汁土豆泥。

原料：土鸡1只，土豆1/4个，姜适量。

做法：将土鸡洗净斩块，入沸水中焯一下，慢火熬汤，取部分汤汁冷冻。土豆洗净，去皮，上锅蒸熟，取出研成泥。取鸡汤2勺，加入少许盐，稍煮，浇到土豆泥中拌匀即可。

（4）鱼泥豆腐苋菜粥。

原料：熟鱼肉，嫩豆腐，苋菜嫩叶，白粥，适量高汤（鱼汤），熬熟的植物油。

做法：豆腐切细丁，苋菜取嫩芽，开水烫后切细碎，熟鱼肉压碎成泥（不能有鱼刺）。在白粥中加入鱼肉泥、高汤（鱼汤）后煮熟烂，再加入豆腐、苋菜及熬熟的植物油，煮烂后加少量食盐拌匀即可。

（5）菠菜蛋黄粥。

原料：菠菜，鸡蛋黄一个，软米饭，适量高汤（猪肉汤），熬熟的植物油。

做法：将菠菜洗净，开水烫后切成小段，放入锅中，加入少量水熬煮成糊状备用。将蛋黄、软米饭、适量高汤（猪肉汤）放入锅内煮烂成粥。将菠菜糊、熬熟的植物油加入蛋黄粥中拌匀即可。

（6）胡萝卜青菜泥肉末粥。

原料：胡萝卜，青菜，蒸熟肉末，大米厚粥，适量高汤（猪肉汤），熬熟的植物油。

做法：将胡萝卜、青菜煮熟制作成泥。锅内放入蒸熟肉末、厚粥、高汤（猪肉汤），再加入胡萝卜泥、青菜泥，小火炖开后，加入熬熟的植物油和少量盐煮开即可。

（7）虾仁豆腐豌豆泥粥。

原料：熟虾仁，嫩豆腐，鲜豌豆，厚粥，适量高汤，熬熟的植物油。

做法：熟虾仁剁碎备用，嫩豆腐清水清洗并剁碎，鲜豌豆加水煮熟并压成泥备用。将厚粥、熟虾仁、嫩豆腐丁、鲜豌豆泥、高汤放入锅内，小火烧开煮烂后，加入熬熟的植物油和少量盐拌匀即可。

（8）菠菜土豆肉末粥。

原料：菠菜，土豆，厚粥，蒸熟肉末，适量高汤，熬熟的植物油。

做法：菠菜洗净，开水烫过后剁碎；土豆蒸熟压成泥备用。将厚粥、蒸熟肉末、菠菜泥、土豆泥、适量高汤放入锅内，小火烧开煮烂后，加入熬熟的植物油和少量盐拌匀即可。

任务四　帮助豆豆妈妈正确使用烹饪工具

1. 情境描述

豆豆已经 7 个多月了，奶奶在家的时候经常会让豆豆吃大人餐，而豆豆妈妈则会单独给豆豆制作一些婴幼儿辅食。这个周末，豆豆妈妈打算开始给豆豆增加肉类辅食。她按照辅食食谱上的说明，准备制作一碗青菜肉末粥。豆豆妈妈先将青菜洗净并放在菜板上切成小段，再放入沸水中煮熟后制作成菜泥；然后将肉清洗干净，并用同一块菜板将肉切成小块后，用盘子盛装放入蒸屉蒸熟；大约十分钟后，将蒸熟的肉取出、放凉，又用同一块菜板将熟肉切成肉末备用……

问题：

（1）豆豆妈妈和奶奶在对待豆豆辅食的态度上有什么不同呢？你觉得谁做得对呢？（完成工作表单 1）

（2）豆豆妈妈在为豆豆制作辅食的过程中，用到了哪些烹饪工具？这些烹饪工具分别有哪些功能？（完成工作表单 2）

（3）你觉得豆豆妈妈制作辅食的过程中有哪些地方需要调整？具体需要怎么调整？在烹饪辅食的过程中需要注意哪些事项？（完成工作表单 3）

2. 任务目标

（1）能正确地使用烹饪工具制作辅食。

（2）了解婴幼儿辅食的正确烹饪方式。

3. 工作表单

工作表单 1 如表 1-14 所示。

表1-14

工作表单 1	婴幼儿辅食单独做	姓名		学号	
		评分人		评分	

豆豆妈妈和奶奶在对待豆豆辅食的态度上有什么不同？你觉得谁做得对呢？

豆豆奶奶的做法是：_____

_____

_____。

豆豆妈妈的做法是：_____

_____

_____。

我觉得_____做得对，因为_____

_____

_____。

工作表单 2 如表 1-15 所示。

表 1-15

工作表单 2	常用的辅食烹饪工具	姓名		学号	
		评分人		评分	

在制作婴幼儿辅食的过程中，通常用到哪些烹饪工具？这些烹饪工具分别有哪些功能？

工作表单 3 如表 1-16 所示。

表 1-16

工作表单 3	常用的辅食烹饪工具	姓名		学号	
		评分人		评分	

1. 你觉得豆豆妈妈制作辅食的过程中有哪些地方需要调整？具体需要怎么调整？

我觉得豆豆妈妈制作辅导的过程中需要调整的地方是：_____

_____

_____。

具体调整方法是：_____

_____

_____。

2. 在辅食烹饪的过程中需要注意哪些事项？

（1）在烹调时，应尽量减少营养素的损失及保持食物的原汁原味，多采用_____、

_____、_____、_____等方式，不用煎、炸、熏、烤等方式。

（2）口味以清淡为宜，不应过于油腻和刺激，尽可能少用或不用味精、_____、糖等调味品；

避免选用刺激性的食物和调味料，如_____、_____、胡椒等；还应量少选用高盐的腌

制食品。

4.反思评价

（1）这节课你收获了什么？你都见到的为婴幼儿制作辅食的用具有哪些？

_____

_____

_____

（2）请你对本次任务进行评价。

评价内容	自　评
课堂活动参与度	☆ ☆ ☆ ☆ ☆
小组活动贡献度	☆ ☆ ☆ ☆ ☆
学习内容接受度	☆ ☆ ☆ ☆ ☆

5.学习支持

1）常用的烹饪工具

常用烹饪工具的用法及相关说明、注意事项如表 1-17 所示。

表 1-17

烹饪工具名称	用法及相关说明	注意事项
（1）菜板	菜板是为婴幼儿制作辅食的必备工具，最好为婴幼儿准备一套专用的菜板	生熟分开，每次使用前用开水烫一次，使用之后清洗干净。可以用木质或硅胶材质的菜板
（2）刀具	刀具包括菜刀、水果刀等	生熟一定要分开，每次使用后要彻底地清洗并晾干，放在通风干燥处
（3）蒸锅、汤锅	蒸锅和汤锅用来给婴幼儿蒸煮食物，例如蛋羹、鱼、肉、肝泥及各种粥品、汤面等	可以选择小号的玻璃、陶瓷、不锈钢锅，忌用铁锅、铝锅、微波炉给婴幼儿蒸、煮、炖食物

（续表）

烹饪工具名称	用法及相关说明	注意事项
（4）铁锅	主要用于炒、煎食物	铁锅容易生锈，不宜存放食物过夜。同时，尽量不要用铁锅煮汤。刷锅时应尽量少用洗涤剂，之后还要尽量将锅内的水擦净。如果有轻微的锈迹，可用醋进行清洗
（5）榨汁机、研磨器、过滤器	主要是用来给婴幼儿制作细腻的辅食，最好选择过滤网孔比较小的料理机	料理机一定要彻底清洗并消毒，每次使用前用开水烫一次，使用后要清洗干净，并晾干放置于通风干燥处
（6）计量器	包括婴幼儿专用的食物量勺、食用油滴管、精确到克的厨房食物电子秤	一般要在营养师的指导下进行精确饮食调整。使用计量器的时候注意消毒
（7）餐具	婴幼儿进食的工具包括勺子、碗、吸管等	家长尽量选择优质塑料奶瓶和硅胶餐具，也可以选用玻璃、原木、陶瓷等餐具

2）辅食制作注意事项

（1）清洁。烹饪用具生熟分离，婴幼儿应有自己单独的餐具，使用后及时清洗，定期消毒。

（2）选择优质原料。选择新鲜、优质、无添加剂的食材。

（3）单独制作。

（4）选择合适的烹饪方式。为保证食物营养不流失，最好进行蒸煮，避免煎炸。

（5）现做现吃。

3）婴幼儿餐具的消毒方法

（1）消毒锅消毒：用于蒸奶瓶的消毒锅，锅中放入纯净水，按启动键即可。

（2）蒸汽消毒：餐具清洗干净，放入蒸锅，锅中放入凉水，待水沸腾，蒸10～15分钟。

四、模块测试

（一）理论知识部分

1. 选择题

（1）以下选项中哪个不是蛋白质的食物来源？（　　　）

　　　A. 鸡肉　　　　　B. 大米　　　　　C. 水　　　　　D 大豆

（2）以下选项中哪个不是脂肪的食物来源？（　　　）

　　　A. 鱼油　　　　　B. 黄油　　　　　C. 奶油　　　　　D. 机油

（3）以下选项中哪个不是碳水化合物的食物来源？（　　　）

　　　A. 红薯　　　　　B. 山药　　　　　C. 西米　　　　　D. 南瓜

（4）以下选项中哪个是钙的食物来源？（　　　）

　　　A. 虾皮　　　　　B. 菠菜　　　　　C. 香蕉　　　　　D. 墨米

（5）以下选项中哪个不是锌的食物来源？（　　　）

　　　A. 生蚝　　　　　B. 鸡蛋　　　　　C. 母乳　　　　　D. 红米菜

（6）以下选项中哪个不是铁的食物来源？（　　　）

　　　A. 纯牛奶　　　　B. 鸡肝　　　　　C. 牛血　　　　　D. 菠菜

（7）在烹调时，应尽量减少营养素的损失及保持食物的原汁原味，多采用（　　　）等方式，不用（　　　）等方式。

　　　A. 蒸、煮　　　　B. 煎、炖

　　　C. 炖、清炒　　　D. 煮、炸

2. 判断题

（1）萌萌妈妈给萌萌吃辣椒炒肉。（　　　）

（2）小黄奶奶给 6 个月的小黄吃米饭。（　　　）

（3）婴幼儿缺乏维生素 D 可以晒太阳补充。（　　　）

（4）晴晴 1 岁了奶奶还是每天喂碎肉粥。（　　　）

（5）莹莹妈妈用菜板切完青菜又切水果给莹莹吃。（　　　）

（二）技能操作部分

1. 请你结合本模块所学知识，完成 3 道辅食制作。辅食制作的考核标准如表 1–18 所示。

表 1–18

考核内容	配分	评分标准	扣分	得分
操作	90 分	制作前准备：洗手，穿围裙，戴口罩和帽子。说明或操作不准确，每缺少一项扣 1～3 分（共 15 分）		
		食材：少准备一个扣 1～2 分（共 8 分）		
		操作步骤：说明或操作不准确，每项酌情扣 1～4 分（共 18 分）		
		烹饪火候：火候适中，老嫩适宜，无焦煳、不熟或过火现象。说明或操作不准确，每项酌情扣 1～5 分（共 15 分）		
		口味：口味咸淡适中，具有应有的鲜香味，无异味。说明或操作不准确，每项酌情扣 1～5 分（共 15 分）		
		装碗摆放：装碗摆放美观，数量适中，碗边无指痕、油污。说明或操作不准确，每项酌情扣 1～5 分（共 15 分）		
		制作后整理：余料整理、用具收拾清洁整齐。操作不准确，每项扣 3 分（共 4 分）		
时间要求	10 分	时间每超一分钟扣 2 分		
合计	100 分			

模块二　婴幼儿喂哺照料

一、模块概述

　　1～3岁婴幼儿处于快速成长发育的阶段，对营养的需求量大。但是，此阶段婴幼儿的消化系统尚未发育成熟，如果喂养不当，很容易出现消化功能失调，造成营养不良、抵抗力下降等问题，影响婴幼儿身体健康和成长发育。生命最初1000天的良好营养，能为一生的健康奠定坚实的基础，同时这一时期也是培养婴幼儿良好饮食习惯和建立合理膳食结构的关键窗口期。因此，1～3岁婴幼儿的科学喂养具有非常重要的意义。

　　本模块主要介绍母乳喂养的好处、人工喂养的概念、添加辅食的重要性，母乳喂养、人工喂养、辅食添加的方式与方法，以及如何培养婴幼儿良好的饮食习惯。通过本模块的学习和训练，学生应掌握婴幼儿喂哺照料的基本技能，并能从婴幼儿身心和谐发展的角度出发，对各时期婴幼儿进行正确喂哺，通过喂哺满足婴幼儿营养需要，同时培养婴幼儿良好的饮食习惯。

二、知识点与技能点

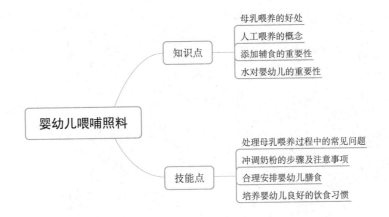

婴幼儿喂哺照料

知识点
- 母乳喂养的好处
- 人工喂养的概念
- 添加辅食的重要性
- 水对婴幼儿的重要性

技能点
- 处理母乳喂养过程中的常见问题
- 冲调奶粉的步骤及注意事项
- 合理安排婴幼儿膳食
- 培养婴幼儿良好的饮食习惯

三、工作任务

任务一　是否要继续给东东喂养母乳

1. 情境描述

东东妈妈从怀孕之后就一直学习母乳喂养的知识，并在东东出生后一直坚持母乳喂养。东东现在快 2 个月了，最近一段时间一直腹泻，吐奶也很频繁，这导致东东有点瘦了。而与他在同一时间出生的贝贝是人工喂养的，个头长得明显比东东大，看起来也要比东东胖很多。东东妈妈看到这种情况，有一些着急了。每次妈妈给东东喂奶时都是抱着他，导致自己腰酸背痛，身体吃不消。更令东东妈妈苦恼的是，每次喂母乳都把握不准喂哺时间，不知道东东吃了多少，是否吃饱，什么时候需要吃下一餐。

问题：

（1）妈妈为什么坚持给东东喂养母乳？说一说母乳喂养的好处有哪些。（完成工作表单1）

（2）你认为东东腹泻的原因可能是什么？是否要停止母乳喂养？母乳喂养应注意哪些事项？（完成工作表单2）

（3）母乳喂养的喂哺姿势有哪些？东东妈妈还可以选择什么姿势？喂哺时间有哪些要求？（完成工作表单3）

2. 任务目标

（1）了解母乳喂养的好处。

（2）了解母乳喂养的注意事项。

（3）掌握母乳喂养的方式与方法。

3. 工作表单

工作表单1如表2-1所示。

表2-1

工作表单 1	母乳喂养的好处	姓名		学号	
		评分人		评分	

1. 妈妈为什么坚持给东东喂养母乳？

2. 说一说母乳喂养的好处有哪些呢？

对婴幼儿的好处：_____

_____。

对母亲的好处：_____

_____。

工作表单2如表2-2所示。

表2-2

工作表单2	母乳喂养的注意事项	姓名		学号	
		评分人		评分	

1. 你认为东东腹泻的原因可能是什么？是否要停止母乳喂养呢？为什么？

2. 母乳喂养还需要注意哪些事项呢？

（1）母亲要保持良好的情绪。

母亲心情_____，避免_____。忌刻板地规定哺乳时间，应消除忧虑，同时保证充足的_____，进食营养丰富且_____的膳食，遵循合理的生活作息制度，可以促进乳汁分泌。

（2）评估母乳是否充足。

① 婴幼儿体重增长情况。定期监测婴幼儿的_____是评估母乳是否充足的最佳指标，婴幼儿的体重按照婴幼儿自己的生长曲线_____或_____，提示母乳充足。

② 婴幼儿排泄情况。_____量适中，每天更换尿不湿_____次以上，尿色_____或呈_____色，大便每天一次，量中等，质地软；或每天数次大便，每次少量。

③ 睡眠情况。两次哺乳之间，婴幼儿情绪_____、_____，_____或在_____恬然入睡。睡眠_____，_____。

④ 其余指标。哺乳前胀奶，哺乳时乳房有紧缩感，哺乳后乳房松软；哺乳时可听到婴幼儿的吞咽声，哺乳后婴幼儿呈现满足的表情。

工作表单3如表2-3所示。

表2-3

工作表单3	喂哺的姿势与时间	姓名	学号
		评分人	评分

1. 母乳喂养的喂哺姿势有哪些？东东妈妈还可以选择什么姿势？

母乳喂养的喂哺姿势有：＿＿＿＿＿＿＿（多选）

① 坐位喂哺；

② 侧卧喂哺；

③ 蹲着喂哺；

④ 站着喂哺；

⑤ 仰卧喂哺。

东东妈妈还可以选择：＿＿＿＿＿＿＿＿＿＿＿＿＿＿＿＿＿＿＿＿＿＿＿＿＿＿＿＿＿＿＿＿＿＿

＿＿。

注意：喂哺时母亲一定要保持清醒，以免压到婴幼儿，造成婴幼儿窒息。

2. 母乳喂养的喂哺时间有哪些需要注意的？

理想的喂哺时间由＿＿＿＿＿＿＿进行自我调节，以婴幼儿的＿＿＿＿＿＿＿为主。按需哺乳可以保证婴幼儿有较强的吸吮力，而有力的吸吮是促进＿＿＿＿＿＿＿的重要因素。

4. 反思评价

（1）你对东东妈妈母乳喂养的方式有什么看法吗？谈一谈你的想法。

_____

_____

_____

（2）请对本次任务进行评价，填写表 2-4。

表 2-4

评价内容	自　评
课堂活动参与度	☆ ☆ ☆ ☆ ☆
小组活动贡献度	☆ ☆ ☆ ☆ ☆
学习内容接受度	☆ ☆ ☆ ☆ ☆

5. 学习支持

0～6 月是婴幼儿生长发育最为迅速的关键时期，需要足够的能量和营养素，尤其是蛋白质。如果不能满足需要就会引起营养缺乏，影响婴幼儿的生长发育。0～6 月婴幼儿消化系统各器官的发育还不成熟，功能尚未健全，对食物的消化吸收和对废物的排泄能力较低，这与此阶段需要摄入高营养的要求有矛盾。而母乳恰是这个时期婴幼儿最佳的膳食营养来源。母乳喂养有助于增进母子感情，使母亲能细心护理婴幼儿；有利于促进母体产后的康复；母乳喂养安全、方便且经济。因此，提倡采用纯母乳喂养 0～6 月婴幼儿。

1）产前准备

健康的孕妇都具备哺乳能力，哺乳的成功需要孕妇身、心两方面的积极准备。其一，孕妇应有信心并要获得家人的支持；其二，孕妇要做好产前的乳房准备。乳房护理的具体方法如下：双手洗净后分别清洗双侧乳房，自乳头环形洗至乳房基底部（锁骨下），避免用肥皂清洗乳头，以免破坏外层保护性油脂；清洗后用手托起乳房，自乳房基底部以中指和食指向乳头方向按摩，拇指和食指揉捏乳头以增加乳头韧性。对于平坦或凹陷的乳头，可将左右两手的食指放在乳头两侧水平对称位置轻柔地将乳头向外推，以顺时针方向做完一圈，或用一拇指和食指捏住乳头轻轻转动向外拉，另一只手撑开乳晕进行矫正。擦干乳房后将其暴露于空气中 30 分钟，以避免产后乳头皲裂。若孕妇有早产迹象，应避免刺激乳头引起宫缩。

2）开奶时间

分娩后给婴幼儿第一次哺喂母乳称为"开奶"。研究发现，开奶越早越好。健康的母亲在产后半小时即可开奶。正常婴幼儿出生后就具备吸吮能力，虽然孕妇早期乳汁分泌量虽然很少，但婴幼儿的吸吮可促进乳汁分泌，因此开奶后不宜给婴幼儿添加牛乳或其他代乳品。婴幼儿应按需进行喂哺，不应规定次数和间隔时间，最好母婴同室。

3）哺乳方法

哺乳前，先用温开水浸湿软布洗净乳头。产后最初几天母亲可采用半卧位哺喂，以后应采用坐位哺喂。母亲坐在有靠背的椅子上，同时一侧可放置一矮凳，母亲的脚踩在凳子上，抬高大腿；抱婴幼儿于斜坐位，婴幼儿面向母亲，婴幼儿的头、肩枕于哺乳侧的上臂肘弯处；母亲用另一只手的手掌托住乳房，拇指、食指轻夹乳晕两旁，将整个乳头送入婴幼儿口中，使婴幼儿含住整个乳头和大部分乳晕，便于吸吮，又不堵住婴幼儿的鼻孔而影响其呼吸，吸吮有力的婴幼儿常在 3～5 分钟内将一侧乳汁吸空。婴幼儿每次哺乳如只吸吮乳房最初分泌的乳汁，可引起能量摄入不足。因此，每次哺乳，应哺空一侧乳房后再哺另一侧。每次喂哺时间一般不超过 20 分钟，以婴幼儿吃饱为度。喂哺完毕，应将婴幼儿竖起抱头，头依母肩，用手轻拍婴幼儿背部，将哺乳时吸入的空气排出，可防溢乳。喂哺后，宜使婴幼儿保持右侧卧位，有助乳汁进入十二指肠。

4）哺乳次数

新生婴幼儿宜按需哺乳，90% 以上的健康婴幼儿出生后数周即可建立自己的进食规律。开始时 1～2 小时哺乳一次，以后 2～3 小时一次，逐渐延长至 3～4 小时一次；3 个月后夜间睡眠延长，夜间喂奶可省去 1 次，每天喂乳 6 次左右；6 个月以后随着辅食的添加，哺乳次数相应减少至每天 3～4 次。哺乳的间隔时间、次数和哺乳时间长短，应视婴幼儿体质的强弱和吸吮能力而定。

5）喂奶时别让婴幼儿睡着

给未满 3 个月的婴幼儿喂奶时，要选择在婴幼儿比较清醒、兴奋的时间进行，但是婴幼儿常会在吃奶时吃着吃着便睡着了。妈妈在喂奶时要注意观察婴幼儿的状态，当发现婴幼儿吸吮无力、节奏变慢时，就要适当地活动一下婴幼儿，一般是用手轻轻揉搓婴幼儿的耳垂，也可以改变抱婴幼儿的姿势，或有意从婴幼儿嘴中将乳头抽出等，从而唤醒婴幼儿，使婴幼儿继续吃奶。如果婴幼儿仍然不醒，则不必勉强弄醒，可让其安然入睡。可视婴幼儿的需要将下次喂奶的时间提前。

6）母乳性腹泻

母乳性腹泻是由于母乳喂养而引起的，在现实生活中并不多见。当婴幼儿发生腹泻的时候，要首先排除疾病的可能。母乳性腹泻具有明显的特点，一般婴幼儿每天大便 3～7 次，呈泡沫稀水状，有特殊的酸臭味，便稀微绿，有泡沫和奶瓣，有时甚至还带有条状的透明黏液。腹泻时婴幼儿没有发热，没有明显的痛苦与哭闹，婴幼儿精神活泼，食欲良好。如果腹泻时间长，则有可能导致生长停滞、营养不良等严重后果，需要及时治疗。一般，轻微的生理性腹泻无须治疗，妈妈可以继续哺乳。

出现所谓生理性母乳性腹泻时不要为了婴幼儿大便成形而改喂牛奶。婴幼儿机体会逐渐适应母乳中的前列腺素，乳糖酶亦会逐渐发育成熟，酶活性增强，就能分解、消化和吸收乳糖，并随着增加辅食逐渐好转。母乳性腹泻的预防应主要从哺乳妈妈的饮食做起：哺乳妈妈应该饮食清淡，少吃油腻食物，喝汤时把浮油撇净，吃清淡的素炒蔬菜，平时多吃水果，保证荤素搭配、营养均衡。另外在哺乳时，注意在每侧乳房基本吸空后，如婴幼儿继续吸吮，乳汁中脂肪量会增加，容易引起脂性消化不良。主张要吸就吸，不吸就停，每次 10 分钟左右，饱满的乳房即可基本被吸空。

任务二   如何对玉玉进行人工喂养

1. 情境描述

玉玉 3 个多月了，妈妈最近生病，医生建议她暂时不要给孩子继续喂养母乳，妈妈决定给玉玉喝配方奶粉。她去超市购买了奶瓶和奶粉，准备好玉玉饿的时候随时给她冲奶粉。快中午的时候，玉玉饿得哭闹了，妈妈赶紧拿出新买的奶瓶，将 3 尖勺的配方奶粉舀进奶瓶，倒进了一些开水，感觉有些烫，又倒进了一些凉开水。为了让奶粉尽快溶解，玉玉妈妈快速且用力地上下晃动奶瓶，摇匀后，把奶瓶递到玉玉的嘴边。

问题：

（1）案例中，玉玉的喂养属于哪种方式？一般在什么情况下我们会采用这种方式？（完成工作表单 1）

（2）玉玉的妈妈是如何冲调奶粉的？你认为有哪些不科学之处？冲调奶粉前，我们需要做哪些准备工作呢？（完成工作表单 2）

（3）在人工喂养的过程中，要注意哪些事项呢？如何正确地使用奶瓶进行人工喂养？（完成工作表单 3）

2. 任务目标

（1）理解人工喂养的概念。

（2）掌握冲调奶粉准备工作及注意事项。

（3）掌握使用奶瓶喂养婴幼儿的方法。

3. 工作表单

工作表单 1 如表 2-5 所示。

表 2-5

工作表单 1	人工喂养的概念	姓名		学号	
		评分人		评分	

1. 玉玉的喂养方式属于哪种? ( )

A. 母乳喂养

B. 人工喂养

C. 混合喂养

2. 人工喂养的概念:

_____

_____

_____。

3. 一般在什么情况下我们会采用人工喂养方式?

作表单 2 如表 2-6 所示。

表 2-6

工作表单 2	冲调奶粉的准备工作	姓名		学号	
		评分人		评分	

1. 玉玉的妈妈是如何冲调奶粉的？你认为有哪些不科学之处？

2. 冲调奶粉前，我们需要做哪些准备工作呢？

（1）清洁卫生，包括_____的清洁（用肥皂和流动清水），_____的清洁、消毒，以及_____的清洁。

（2）奶具的准备，包括_____、_____、_____、_____、_____等，为方便消毒应轮换使用，可准备_____个奶瓶。

（3）准备温水，将开水冷却至_____℃备用。

（4）按照婴幼儿的_____，以正确的方法冲调配方奶粉。

工作表单 3 如表 2-7 所示。

表 2-7

工作表单 3	冲调奶粉的注意事项	姓名	学号
		评分人	评分

1.在人工喂养的过程中，要注意哪些事项呢?

2.如何正确地进行人工喂养呢?

（1）将婴幼儿抱起，使之_____在喂哺者的臂弯中，左右方向_____。喂哺者和婴幼儿都以舒适的方式坐定后开始喂哺。

（2）婴幼儿的生理需求将使其转头寻找奶瓶，用奶嘴_____婴幼儿的嘴角，当婴幼儿张嘴时将奶嘴放入口中。

（3）调整奶瓶的方向，使_____内充满奶液，避免婴幼儿吸入过多的_____。

（4）喂哺后处理：喂哺后将婴幼儿轻轻抱起趴伏在喂哺者肩上。喂哺者用_____以_____的力量和频率，由婴幼儿的_____逐渐往上轻轻拍打，使婴幼儿_____，将吸入到胃中的空气排出。

4.反思评价

（1）面对众多品牌的奶粉，应该如何为婴幼儿选择配方奶粉呢？

（2）请对本次任务进行评价，填写表2-8。

表2-8

评价内容	自　评
课堂活动参与度	☆ ☆ ☆ ☆ ☆
小组活动贡献度	☆ ☆ ☆ ☆ ☆
学习内容接受度	☆ ☆ ☆ ☆ ☆

5.学习支持

1）人工喂养

由于种种原因不能用母乳喂养婴幼儿时，如母亲患有传染性、神经障碍等疾病，或经过多种努力仍无法实行母乳喂养、无乳汁分泌等，可考虑用母乳代用品进行人工喂养。不能用母乳喂养时，建议首选适合0～6月龄婴幼儿的配方奶粉喂养，不宜直接用普通液态奶、成人奶粉、蛋白粉等喂养婴幼儿。

2）混合喂养

由于各种原因或条件限制，如母亲需要外出工作无法哺乳、母乳不足等，会造成无法完全用母乳喂养婴幼儿的情况，需要补充母乳代用品，此种喂养方式称为混合喂养。

在混合喂养时应注意以下事项：

（1）母亲要保证充足的休息与合理的营养，并保持良好的心态，同时定时喂奶，以便尽量保持母乳的分泌。

（2）母亲需要外出工作，如超过 6 小时不能哺乳，至少要挤奶一次，将挤出的母乳装在消毒后的瓶子里密封，放入冰箱保存，并让婴幼儿于次日前尽快饮用。

（3）母乳不足，可以根据实际情况添加适量适合 0～6 月婴幼儿的配方奶粉。

3）配方奶粉的冲调方法

配方奶粉的冲调方法如图 2-1 所示。

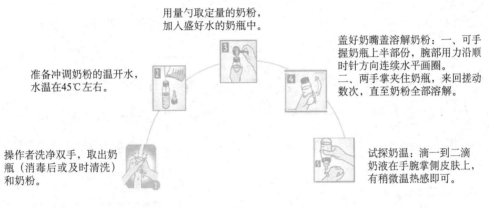

图 2-1

4）正确量取奶粉

正确量取奶粉的方法如图 2-2 所示。

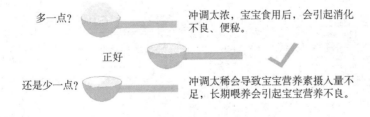

图 2-2

任务三　是否应该给妞妞添加辅食

1. 情境描述

妞妞已经8个月了，妈妈一直坚持母乳喂养。邻居家的乐乐跟妞妞同一月龄，乐乐妈妈早在乐乐6个月时就给他添加辅食了，比如一些米糊和白米粥，还有一些果泥和肉泥，而且为了让这些辅食更有滋味，乐乐妈妈还适当添加糖、盐等调味品，甚至常常给乐乐尝试大人的食物。乐乐现在什么都吃，食量比较大，长得也结实，乐乐妈妈很是满意。身边的人都说妞妞妈妈应该像乐乐妈妈一样，该给妞妞添加辅食了，但妞妞妈妈认为母乳是婴幼儿最理想的食物，所含的营养物质是最适合婴幼儿消化吸收的，坚持纯母乳喂养到满一周岁。无论别人怎么劝说，妞妞妈妈坚决不给妞妞添加其他辅食。

问题：

（1）结合案例，说一说妞妞妈妈和乐乐妈妈的做法哪些是正确的？哪些是不正确的？为什么要给婴幼儿添加辅食呢？（完成工作表单1）

（2）你会如何指导妞妞妈妈和乐乐妈妈对婴幼儿进行喂养呢？为这一年龄阶段的婴幼儿添加辅食应该注意哪些事项呢？（完成工作表单2）

（3）给婴幼儿添加辅食的原则与要求是什么？添加辅食的顺序是怎样的？（完成工作表单3）

2. 任务目标

（1）了解为婴幼儿添加辅食的重要性。

（2）了解添加辅食的注意要点。

（3）掌握添加辅食的原则要求与顺序。

3. 工作表单

工作表单 1 如表 2-9 所示。

表 2-9

工作表单 1	婴幼儿添加辅食的重要性	姓名	学号
		评分人	评分

1. 结合案例，说一说妞妞妈妈和乐乐妈妈的做法哪些是正确的? 哪些是不正确的?

妞妞妈妈做得正确的地方是_____

_____

_____;

做得不正确的地方是_____

_____

_____。

乐乐妈妈做得正确的地方是_____

_____

_____;

做得不正确的地方是_____

_____

_____。

2. 为什么要给婴幼儿添加辅食呢?

(1) 可以刺激婴幼儿_____和其他消化酶的分泌，并增强消化酶的活性。

(2) 可以促进婴幼儿_____的发育和_____、_____能力的提高，有助于增强消化机能。

(3) 促进婴幼儿_____、_____、_____、_____等神经系统的发育。

(4) 添加辅食还可以帮助婴幼儿学习进食，培养婴幼儿良好的饮食习惯，不让婴幼儿用奶瓶和奶嘴吃辅食，能逐渐停止_____的摄食方式，让婴幼儿学会用勺、杯、碗等餐具，逐步适应以进食_____的混合食物为主的膳食。

工作表单 2 如表 2-10 所示。

表 2-10

工作表单 2	辅食添加的注意要点	姓名		学号	
		评分人		评分	

1. 你会如何指导妞妞妈妈和乐乐妈妈对婴幼儿进行喂养呢?

2. 为这一年龄阶段的婴幼儿添加辅食应该注意哪些事项?

工作表单 3 如表 2-11 所示。

表 2-11

工作表单 3	添加辅食的原则要求与顺序	姓名		学号	
		评分人		评分	

1. 为婴幼儿添加辅食的原则是什么?

（1）

（2）

（3）

（4）

2. 为婴幼儿添加辅食的要求是什么?

（1）

（2）

（3）

（4）

3. 添加辅食的顺序是怎样的?

4. 反思评价

（1）你会按什么顺序给婴幼儿添加辅食呢？

_____

_____

_____

（2）请对本次任务进行评价，填写表 2-12。

表 2-12

评价内容	自　　评
课堂活动参与度	☆ ☆ ☆ ☆ ☆
小组活动贡献度	☆ ☆ ☆ ☆ ☆
学习内容接受度	☆ ☆ ☆ ☆ ☆

5. 学习支持

1）为婴幼儿添加辅食的目的

（1）补充营养。

母乳含有较为全面且充足的营养，是出生 6 个月内婴幼儿的最佳食品。6 个月以后，婴幼儿对营养的需求量逐渐增加，母乳喂养和人工喂养的营养不足之处，需要通过添加辅食来弥补。辅食是婴幼儿喂养必须补充的食品，可以满足婴幼儿对营养物质的需要。

（2）学习进食。

在婴幼儿口腔发育和学习进食的敏感阶段，通过添加辅食，可以使婴幼儿学习进食乳类以外不同质地的食物，训练婴幼儿的吞咽和咀嚼功能，有助于婴幼儿早期饮食行为的培养及良好饮食习惯的形成。

（3）促进生长发育。

辅食不仅能增加营养从而满足婴幼儿身体生长的需要，还有利于婴幼儿精神发育，并能刺激味觉、嗅觉、触觉和视觉发育。

（4）为断乳做准备。

随着年龄的增长，婴幼儿牙齿不断发育，肠胃消化和吸收功能逐渐成熟，婴幼儿时期以乳类为主的流质饮食将逐渐转化为成人化的固体食物。通过添加辅食，来调整婴幼儿的消化系统对各种食物的适应性，是婴幼儿逐渐断乳并过渡到普通饮食的重要过程。

2）为婴幼儿添加辅食的原则

（1）及时。

当纯母乳喂养不能满足婴幼儿对能量和营养的需要时，应该及时添加辅食。目前主张纯母乳喂养的婴幼儿满6个月时开始添加辅食。

（2）足量。

辅食添加要足量，能提供充足的能量、蛋白质和微量元素，以满足婴幼儿生长发育的需求。

（3）安全。

辅食添加要遵守安全的原则。辅食的原料采购、制备和储存环节都应该保证清洁卫生，使用清洁容器，制作和喂食辅食时应洗净双手。

（4）适当。

辅食添加的量要适当，应依据婴幼儿的食欲和饥饱信号喂食，进餐次数和喂养方法应与婴幼儿的年龄相符。

3）为婴幼儿添加辅食的要求

（1）从一种到多种。

每次引入新的食物，只能从一种开始，观察3～4天，若胃肠道无不良反应再添加第二种。

（2）从少量到多量。

每次添加辅食的量宜少，如米粉从1～2勺，到3～4勺，到1/3碗，到半碗，到

1 碗。

（3）从稀薄到稠厚。

辅食的质地和形状从稀薄的流质到半流质、半固体，最后到固体，如米汤、稀粥、稠粥、软饭。

（4）从精细到粗糙。

辅食的制作宜由细到粗，如菜汁、菜泥、碎菜、菜丝、菜丁。

4）为婴幼儿添加辅食的顺序

添加辅食应从粗谷类到动物性食物。根据婴幼儿胃肠道发育、消化酶的分泌规律，首先添加的辅食以铁强化米粉、米糊为好，而后逐渐加入蔬菜和水果，最后是鱼、虾、鸡肉等。为婴幼儿添加辅食的顺序见表2-13。

表2-13

月龄	食物质地	添加食物举例
6个月	半流质、泥状食物	铁强化米粉、菜泥、水果泥、蛋黄泥
7～8个月	泥糊状、半固体食物	稠粥、烂面条、面包片、菜泥、水果泥、蛋羹、肝泥、鱼泥、肉泥、豆腐
9～11个月	泥糊状食物，切得很细小的固体食物	软饭、馒头、包子、饺子、馄饨，切碎的菜、水果、猪肉、鱼、虾、鸡肉
12～24个月	家常食物，必要时切碎或捣碎	体积较小的家常食物

任务四　培养齐齐良好的饮食习惯

1. 情境描述

齐齐在 1 岁的时候就断开母乳了，断乳后妈妈购买了桶装奶粉继续为齐齐喂食乳类食品。但是齐齐并不喜欢喝奶粉，经常是冲好了奶粉最后不喝倒掉，这导致齐齐有些缺钙。齐齐现在已经 1 岁半了，吃饭的时候经常边吃边玩，没吃几口饭就跑开了，饿的时候就吃一些零食，妈妈采取了顺其自然的态度。奶奶在家的时候就会追着齐齐喂饭，还用零食作为奖励齐齐吃饭的"法宝"。比如，如果好好吃饭就可以得到一块巧克力，这导致齐齐飞快地吃完碗里的饭，然后马上就去吃巧克力了。奶奶的原则是：吃什么怎么吃都无所谓，这让齐齐养成了不良的进餐习惯。

问题：

（1）案例中，关于齐齐的进餐习惯，齐齐妈妈的做法正确吗？齐齐奶奶的做法正确吗？为什么？（完成工作表单 1）

（2）结合案例，怎样合理安排这一年龄段婴幼儿的膳食？（完成工作表单 2）

（3）如何帮助齐齐妈妈和齐齐奶奶呢？我们应如何培养婴幼儿良好的饮食习惯？（完成工作表单 3）

2. 任务目标

（1）了解 1～3 岁婴幼儿的合理膳食安排。

（2）培养婴幼儿良好的饮食习惯。

3. 工作表单

工作表单 1 如表 2-14 所示。

表 2-14

工作表单 1	分析案例中的饮食习惯	姓名		学号	
		评分人		评分	

案例中，关于齐齐的进餐习惯，齐齐妈妈和齐齐奶奶的做法正确吗？为什么？

齐齐妈妈的做法_____。

因为_____

_____

_____

_____

_____

_____ 。

齐齐奶奶的做法_____。

因为_____

_____

_____

_____

_____

_____ 。

工作表单 2 如表 2-15 所示。

表 2-15

工作表单 2	合理安排婴幼儿的膳食	姓名		学号	
		评分人		评分	

结合案例，怎样合理安排这一年龄段婴幼儿的膳食？各种食物的摄入量是怎样的呢？

工作表单 3 如表 2-16 所示。

表 2-16

工作表单 3	培养婴幼儿良好的饮食习惯	姓名		学号	
		评分人		评分	

1. 作为一名婴幼儿照护者，我们该如何帮助齐齐妈妈和齐齐奶奶呢?

2. 我们应如何培养婴幼儿良好的饮食习惯?

4. 反思评价

（1）2 岁左右婴幼儿用餐时，喜欢到处跑，该怎么办呢?

_____

_____

_____

（2）请对本次任务进行评价，填写表 2-17。

表 2-17

评价内容	自 评
课堂活动参与度	☆ ☆ ☆ ☆ ☆
小组活动贡献度	☆ ☆ ☆ ☆ ☆
学习内容接受度	☆ ☆ ☆ ☆ ☆

5. 学习支持

（1）饮食多样化，不挑食、偏食。

没有任何一种食物可提供人体所需的全部营养，挑食、偏食都会妨碍婴幼儿获得全面营养。有些婴幼儿仅仅对个别食物有所挑剔，家长可选择同类的其他食物代替，但如果婴幼儿是严重地挑食、偏食，如不吃荤菜或蔬菜等，则必须予以纠正。

（2）按时用餐，不要在餐间多吃零食。

一日三餐是我们摄入营养的主渠道，符合人体消化系统的生理特点。若餐间多吃零食则会影响正餐摄入食物的量。

（3）三餐饥饱适度，不要不吃或少吃早餐。

一日三餐总热量安排是早晚各占 30%，午餐 40%，不吃或少吃早餐会降低体力和影响大脑正常活动。如果午餐马马虎虎吃一点，晚餐就会进食过度。此外，节假日和家庭宴会时都应适度进食，不要大吃大喝，更不要狼吞虎咽，否则会损害肠胃正常消化功能，甚至造成呕吐或消化不良。

（4）清淡饮食，不要嗜好油炸、高糖分及高能量食品。

婴幼儿一天总热量有一半以上应来自碳水化合物，约1/6来自蛋白质，从油脂中获得的热量只有1/4，过多摄入油或糖，不仅会使热量摄入过高，增加婴幼儿出现高血压、高血脂、肥胖、冠心病等的概率，而且会因为食物过于甜腻、缺乏膳食纤维而影响消化功能，从而引起便秘、胃炎等消化道疾病。

（5）文明用餐，不要用餐时看电视、看书、玩耍或大声交谈。

就餐环境要安静，培养细嚼慢咽的习惯。就餐时，父母可结合菜肴讲述可促进婴幼儿食欲的话语，或介绍营养知识。婴幼儿若存在不良饮食习惯，可在平时加强教育，就餐时不要大声训斥婴幼儿。良好的饮食习惯是在平时慢慢培养的，最重要的是父母以身作则，身教胜于言传。

（6）各类食物的建议摄入量。

婴幼儿的正餐需包含谷物、优质蛋白质类食物和蔬菜，而奶类和水果适合作为加餐。根据中国营养学会的推荐，不同年龄段婴幼儿各类食物的摄入量如表2-18所示。

表 2-18

食物	1～2岁	2～3岁
盐	0～1.5g	<2g
油	5～15g	10～20g
奶类	母乳400～600ml	350～500g
大豆（适当加工）		5～15g
鸡蛋	25～50g	50g
肉禽鱼	50～75g	50～75g
蔬菜	50～150g	100～200g
水果	50～150g	100～200g
谷类	50～100g	75～125g
薯类		适量

任务五　乐乐的饮水问题

1.情境描述

炎炎夏日，家长们常让孩子多喝水。可是有些孩子就是不爱喝水，早教班里2岁半的乐乐就是其中的一个。这天早教活动结束后，小朋友们拿着自己的水杯喝起水来，只有乐乐将水杯在桌子上推来推去。早教班的张老师走到他面前蹲下来对他说："乐乐，该喝水了。"可乐乐却说："我要喝甜水，我要喝甜水，我不喝没有味道的水。"与乐乐的妈妈交谈后张老师了解到乐乐从小就不爱喝水，爷爷奶奶经常给他喝饮料和糖水，致使乐乐渴得嘴唇脱皮也不喝白开水。

问题：

（1）案例中，乐乐为什么不喜欢喝水？水对于人体来说重要吗？为什么？（完成工作表单1）

（2）怎样给婴幼儿选择饮用水？怎样确定婴幼儿的饮水量？（完成工作表单2）

（3）如何帮助乐乐养成良好的饮水习惯？培养婴幼儿养成良好饮水习惯的注意事项有哪些？（完成工作表单3）

2.任务目标

（1）了解水对人体的重要性。

（2）掌握婴幼儿的饮水量及饮用水的选择。

（3）培养婴幼儿良好的饮水习惯。

3.工作表单

工作表单1如表2-19所示。

表 2-19

工作表单 1	水对人体的重要性	姓名		学号	
		评分人		评分	

1. 案例中，乐乐为什么不喜欢喝水？

2. 水对于人体来说重要吗？为什么？

我觉得水对人体来说_____。

因为_____

_____

_____

_____

_____

_____

_____。

工作表单 2 如表 2-20 所示。

表 2-20

工作表单 2	婴幼儿饮用水的选择及量的确定	姓名		学号	
		评分人		评分	

1. 适宜 0～3 岁婴幼儿喝的水_____，是 0～3 岁婴幼儿饮用水的最佳选择。_____凉至室温，_____凉至_____℃最佳。烧开后冷却_____小时内的白开水对婴幼儿来说是理想的饮用水，因为开水暴露在空气中_____小时以上生物活性将丧失 70%。

2. 不适宜 0～3 岁婴幼儿喝的水有_____（多选）

　　A. 饮料　　　　　　　B. 冰水　　　　　　　C. 糖水

　　D. 温开水　　　　　　E. 矿泉水

3. 婴幼儿的饮水量应该怎样确定?

（1）按_____确定饮水量。

（2）根据_____确定饮水量。

4. 以下情况需要增加饮水量的有_____（多选）

　　A. 夏季出汗多　　　　B. 饭前　　　　　　　C. 睡前

　　D. 在空调房中　　　　E. 运动后

工作表单 3 如表 2-21 所示。

表 2-21

工作表单 3	培养婴幼儿良好的饮水习惯	姓名		学号	
		评分人		评分	

1. 如何帮助乐乐养成良好的饮水习惯?

2. 培养婴幼儿养成良好饮水习惯的注意事项有哪些?

4. 反思评价

（1）假如你现在是一岁婴幼儿的照护者，你会如何培养他良好的饮水习惯呢?

_____

_____

_____

（2）请对本次任务进行评价，填写表 2-22。

表 2-22

评价内容	自　评
课堂活动参与度	☆ ☆ ☆ ☆ ☆
小组活动贡献度	☆ ☆ ☆ ☆ ☆
学习内容接受度	☆ ☆ ☆ ☆ ☆

5. 学习支持

1）0～3 岁婴幼儿水代谢的特点

水对人体十分重要，无论是营养素的消化、吸收、运输和代谢，还是废物的排出，或是生理功能及体温的调节等，都离不开水。如果把体内的水看成一条河，生命的各种新陈代谢活动就在其中"航行"。如果没有水，新陈代谢活动就不能进行。水是人体的重要组成部分，其重要性仅次于空气。

正常人体的出入水量与体液保持动态平衡，不论年龄大小，个体每日所需水量与能量消耗均成正比。婴幼儿因体内脂肪组织较少且生长发育迅速，体内水的代谢与成人是有区别的：0～3 岁婴幼儿新陈代谢旺盛，能量与水的需求量按单位体重计算均高于成人；婴幼儿排泄水的速度较成人快，年龄越小，出入水量相对越多。婴幼儿每日水的交换量约为细胞外液的 1/2，而成人仅为 1/7，故婴幼儿体内水的交换率是成人的 3～4 倍。因此，婴幼儿较成人缺水的耐受力差，容易发生脱水。

2）0～3 岁婴幼儿的饮水量

按体重确定饮水量。婴幼儿需要的水除了营养素在体内代谢生成的一部分及膳食中所含的水分（奶类、汤汁类食物含水较多），大约有一半的水需要通过直接饮用来获得。根据婴幼儿水代谢的特点，0～3 岁婴幼儿每天的正常饮水量大约是：0～1 岁为 120～160ml/kg，1～2 岁为 120～150ml/kg，2～3 岁为 110～140ml/kg（包括饮食中的水分）。如果天气热或活动量大，还可以适当增加。各年龄段婴幼儿的饮水量：0～6 个月纯母乳喂养的婴幼儿不需要直接喂水，因为母乳中 87% 是水，人工喂养的婴幼儿的喂水量 =150（ml/kg）× 体重 − 配方奶中的水量（一般两次喂奶之间喂水，可以少量多次）；7～12 个月婴幼儿每天喂水 2 次，每次 120～150ml；2～3 岁婴幼儿每天需水量为 1200～1600ml，除去饮食摄入的水分外还应该每天直接饮水 600ml。

根据实际情况决定饮水量。夏季天气炎热，婴幼儿出汗多，应给婴幼儿增加饮水的次数。避免暴饮和饭前、睡前喂水。暴饮可造成急性胃扩张，有碍健康；饭前喂水会稀释消化液，不利于食物的消化，也会影响食欲；年龄较小的婴幼儿在夜间深睡后还不能自己完全控制排尿，若睡前水喝多了很容易遗尿，即使不遗尿，一夜多次小便也会影响睡眠。气候干燥、在空调房中、婴幼儿哭闹或外出后、出现发烧或腹泻等情况时都要特别注意给婴幼儿额外补水。洗浴及运动后要给婴幼儿补水。但婴幼儿大量出汗后，不能一次饮用大量的水，因为出汗带走了体内的一些盐分，而大量饮水后，水经肠胃吸收又以汗液的形式排出，这样又会带走更多盐分，会使血液吸水能力降低，一些水分很快被吸收到组织细胞内，造成细胞水肿，出现头晕、眼花、昏迷等症状。

3）0～3 岁婴幼儿饮水的选择

白开水是 0～3 岁婴幼儿饮用水的最佳选择。夏季时提供给婴幼儿的饮用水温度与室温相同即可，冬季时提供给婴幼儿的饮用水温度为 40℃时最佳。要给婴幼儿喝新鲜的白开水，烧开后冷却 4 小时内的白开水对婴幼儿来说是理想的饮用水，因为开水暴露在空气中 4 小时以上，生物活性将丧失 70% 以上。

不适宜 0～3 岁婴幼儿喝的水：

（1）不宜给 0～3 岁婴幼儿饮用饮料。饮料会破坏婴幼儿的胃口，婴幼儿喝惯了甜甜的味道，自然会对清淡的白水没太大兴趣，还会养成不良的饮食习惯，减少奶量的摄入。饮料中含有大量的糖分和较多的电解质，喝下去后长时间滞留在胃部，引起胃酸过多，刺激胃黏膜。

（2）鲜榨的果汁会对 0～6 个月婴幼儿的肠胃产生负担，即使让婴幼儿偶尔尝尝鲜榨果汁，也最好要用白开水冲淡再喝。

（3）不宜给婴幼儿饮用矿泉水、纯净水。由于矿泉水中矿物质含量较多，矿物质的代谢都要经过肾脏，过多的矿物质会加重肾脏的负担。婴幼儿的器官尚未发育完全，不宜喝矿泉水。纯净水不含矿物质，但婴幼儿也不能长期饮用纯净水，这样会导致其身体缺少必要的矿物质。

（4）要避免给婴幼儿喝冰水。大量喝冰水容易引起胃黏膜血管收缩，不但影响消化，还可能引起肠痉挛。

4）0～3 岁婴幼儿饮水习惯的培养

要使婴幼儿养成良好的饮水习惯，最好是制定合理的生活制度，促使婴幼儿在大脑中建立相应的条件反射。应根据实际情况让婴幼儿少量多次饮水，培养婴幼儿养成定时饮水、随渴随喝的习惯。婴幼儿应在两次吃奶之间喝水，儿童应在两餐之间饮水。

（1）早晨起床后喝一杯温开水。

（2）早餐和午餐之间定时喝两次水。

（3）午睡起床后喝一次水。

（4）晚餐前喝一次水。

（5）睡觉之前适当喝水。

（6）提醒婴幼儿随时喝水。

5）培养婴幼儿养成良好饮水习惯的注意事项

（1）饭前、饭后半小时之内不饮水。婴幼儿身体的消化液中各种消化酶的功能和数量不及成人。饭前、饭后饮水会稀释消化液，进一步减弱消化液的功能，长期如此会导致消化不良。此外，饭前饮用大量的水会使婴幼儿产生饱胀感，降低食欲，影响正常饮食，长期如此会导致营养不良。

（2）不能边吃饭边饮水或吃水泡饭。吃饭时饮水也会稀释消化液，吃水泡饭会使食物得不到充分咀嚼，会加重消化道负担，影响食物的消化和吸收。

（3）睡觉前不大量饮水。婴幼儿肾脏功能较成人弱，睡前饮大量的水会加重肾脏的负担，并影响睡眠。

（4）剧烈运动后不要马上饮水。剧烈运动后心脏跳动加快，饮水会给心脏造成压力，容易产生供血不足。

（5）不能用饮料代替饮用水。喝饮料会使婴幼儿更加不想喝水，大部分饮料中含有对婴幼儿生长发育不利的糖精、防腐剂等物质。

四、模块测试

（一）理论知识部分

1. 单选题

（1）0~6个月婴幼儿提倡（　　）。

　　A. 纯母乳喂养　　B. 人工喂养　　C. 混合喂养　　D. 以上都提倡

（2）为了避免婴幼儿能量摄入不足，每次哺乳，应怎么做？（　　）

　　A. 哺空左侧乳房即可　　　　　　B. 两侧乳房各哺乳一部分

　　C. 哺空一侧乳房后再哺另一侧　　D. 哺空右侧乳房即可

（3）冲调奶粉前的清洁卫生工作包括哪些内容？（　　）

　　A. 冲奶粉者的手　　　　　　B. 奶具

　　C. 操作台面　　　　　　　　D. 以上均对

（4）给人工喂养的婴幼儿试探奶温，可以怎么做？（　　）

　　A. 用嘴吸一吸尝尝　　　　　　B. 为了不烫着婴幼儿，冷了再喝

　　C. 慢慢试着给婴幼儿喝　　　　D. 滴一至二滴奶液在成人手腕掌侧皮肤上

（5）以下辅食添加错误的是（　　）。

　　A. 直接多量添加　　　　　　B. 从一种到多种

　　C. 从稀薄到稠厚　　　　　　D. 从精细到粗糙

（6）6个月婴幼儿不应添加的食物是（　　）。

　　A. 铁强化米粉　　B. 饺子　　　　C. 菜泥　　　　D. 水果泥

（7）6个月婴幼儿应该添加的食物是（　　）。

　　A. 蛋白　　　　B. 蛋黄　　　　C. 蛋黄泥　　　　D. 以上都可以

（8）以下制作辅食的方式，较好的是（　　）。

　　A. 炒　　　　B. 蒸　　　　C. 煎　　　　D. 炸

（9）以下利于婴幼儿良好饮食习惯的是（　　　）。

　　A. 按时用餐　　　B. 想吃随时吃

　　C. 吃甜食　　　　D. 边吃饭边聊天

（10）以下适合 1 岁以上婴幼儿饮用的是（　　　）。

　　A. 纯牛奶　　　　B. 豆奶　　　　C. 乳制饮品　　　D. 成人奶

2. 判断题

（1）百日婴幼儿母乳喂哺后可以适当添加辅食。（　　　）

（2）已经添加辅食的婴幼儿可以吃成人的饭菜。（　　　）

（3）种种原因不能用母乳喂养婴幼儿时，建议首选适合 0～6 个月婴幼儿的配方奶粉对婴幼儿进行人工喂养。（　　　）

（4）为了让营养充足，冲调配方奶粉时可以奶粉多、水少，这样也比较好喝。（　　　）

（5）给婴幼儿冲调配方奶粉前，要先将开水冷却至 30℃～40℃。（　　　）

（6）可以逐渐锻炼 3 岁左右的婴幼儿独自进餐。（　　　）

（7）为了让婴幼儿更好地进餐，可以让其食用水泡饭。（　　　）

（8）给婴幼儿添加辅食的时候，每次引入新的食物，只能从一种开始，观察 3～4 天，若肠胃无不良反应再添加第二种。（　　　）

（9）对于婴幼儿，牛奶喝得多了，可以不喝水。（　　　）

（10）若婴幼儿不喜欢喝水，可以用鲜榨的果汁代替。（　　　）

3. 简答题

简述冲调配方奶粉的步骤。

（二）技能操作部分

该项操作的评分标准包含评估、计划、实施、评价四个方面，总分为 100 分。测试时间 12 分钟，其中环境和用物准备 2 分钟，操作 10 分钟。人工喂养考核标准如表 2-23

所示。

表2-23

考核内容		考核点	分值	评分要求	扣分	得分	备注
评估 （15分）	婴幼儿	检查和评估婴幼儿的大小便、精神状态有无异常、不适	6	未评估扣6分，不完整扣3分			
	环境	评估环境是否干净、整洁、光线良好、温湿度适宜	3	未评估扣3分，不完整扣1分			
	照护者	着装整齐、清洁双手、扎好头发	3	未清洁双手扣2分，未扎头发扣1分			
	物品	奶粉、奶瓶、奶嘴、温开水、洗刷用具、消毒用具、小毛巾、围嘴	3	少一个扣0.5分，扣满3分止			
计划 （5分）	预期目标	口述目标： 正确冲调奶粉并能正确使用奶瓶喂哺婴幼儿	5	未口述扣5分			
实施 （60分）		1. 取出消毒好的奶瓶，参考奶粉包装上的用量说明，按婴幼儿体重，将适量的水加入奶瓶中	5	水和奶粉的添加顺序不对扣2分			
		2. 用奶粉专用的量勺取适量奶粉，用奶粉盒（罐）口平面处刮平，放入奶瓶中。旋紧奶嘴盖，沿一个方向轻轻摇晃奶瓶，使奶粉溶解至浓度均匀	10	未在奶粉盒（罐）口平面处刮平扣3分，用力摇晃奶瓶扣4分			
		3. 将配好的奶滴到手腕掌侧皮肤，感觉温度适宜便可以给婴幼儿食用	6	未测试奶温扣5分，测试奶温方式不当扣2~3分			

（续表）

考核内容		考核点	分值	评分要求	扣分	得分	备注
实施 （60分）		1.将婴幼儿抱入怀中，头部位于成人的肘弯处，用前臂支撑婴幼儿的后背，使其呈半坐姿势	10	未正确抱婴幼儿入怀扣2～4分，婴幼儿喝奶时抱姿不正确扣4～6分			
		2.反手拿奶瓶，用奶嘴轻触婴幼儿下唇，待其张开口后顺势放入奶嘴，奶瓶与嘴呈90°	10	未用奶嘴轻触婴幼儿下唇扣2分，奶瓶与嘴的角度明显错误扣2～4分			
		3.喂奶完毕，身体前倾，用肩接婴幼儿头，将婴幼儿竖抱，用空心掌轻轻拍打后背，婴幼儿打嗝后让其右侧卧位再安睡	9	未拍嗝扣8分，拍嗝方式错误扣3～6分			
	整理记录	1.将瓶中剩余奶倒出，将奶瓶、奶嘴分开清洗干净并消毒	6	有遗漏环节扣1～2分			
		2.对其他用品进行清洁整理，摆放整齐	4	未进行清洁整理扣3分			
评价（20分）		1.操作熟练，程序清晰，规定时间内完成	5				
		2.操作过程中言语轻柔，能与婴幼儿进行有效沟通	5				
		3.具有高度的责任心，细心耐心指导	5				
		4.关心关爱婴幼儿	5				
总分			100				

模块三　婴幼儿睡眠照料

一、模块概述

　　睡眠是一种周期性发生的知觉的特殊状态，是人的基本生理需求。睡眠时，全身各组织器官处于低代谢、低氧耗状态，对体内、外刺激反应减少；睡眠是使婴幼儿全身组织器官，尤其是使中枢神经系统得到休息、消除疲劳及促进身体生长发育、提高智力、增强抵抗力最有效的生理措施。在本模块中，主要学习如何创建清净、安全、舒适、温馨的睡眠环境，合理组织睡前活动，指导婴幼儿穿脱衣服，帮助婴幼儿建立良好的睡眠习惯，提升婴幼儿的睡眠质量，促进婴幼儿身心健康发展。

二、知识点与技能点

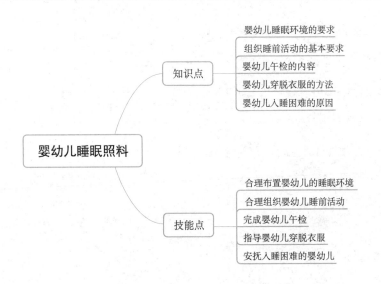

三、工作任务

任务一　布置舒适的婴幼儿睡眠环境

1. 情境描述

可可是一个 2 岁的小女孩，身体健康、发育正常、活泼好动、能独立睡眠。一天晚上，妈妈给可可洗了澡，讲了故事，准备上床睡觉了。由于现在是冬季，室外温度较低，妈妈就把卧室的空调温度调到 26℃，给可可盖上厚厚的被子，还把卧室的窗户也关上了，嘱咐可可要盖好被子。卧室里很闷热，空调导致空气很干燥，可可在床上翻来覆去睡不着。好不容易睡着了，一会儿又醒了，醒来就开始哭闹，显得烦躁不安。

问题：

（1）可可的睡眠环境是怎样的？你认为可可哭闹不睡的原因是什么？如果你是可可的妈妈，你会怎么做？（完成工作表单 1）

（2）以小组为单位，讨论如何合理布置婴幼儿的睡眠环境？（完成工作表单 2）

2. 任务目标

（1）了解婴幼儿睡眠环境的基本要求。

（2）理解婴幼儿睡眠环境布置的注意事项。

（3）能为婴幼儿布置舒适的睡眠环境。

3. 工作表单

工作表单 1 如表 3-1 所示。

表 3-1

工作表单 1	可可哭闹不睡的原因	姓名		班级	
		评分人		评分	

1. 可可的睡眠环境是怎样的？你认为可可哭闹不睡的原因是什么？

（1）卧室温度_____、_____、_____。

（2）被子_____、_____、_____。

（3）卧室窗户_____、_____。

可可哭闹不睡的原因可能是_____。

2. 如果你是可可的妈妈，你会怎么做？

（1）_____。

（2）_____。

（3）_____。

工作表单 2 如表 3-2 所示。

表 3-2

工作表单 2	合理布置婴幼儿的睡眠环境	姓名		班级	
		评分人		评分	
合理布置睡眠环境	（1）检查睡眠环境：检查睡眠环境是否干净、整洁、安全，_____、_____及光线是否合适等。 （2）布置睡眠环境： ① 关闭窗户，拉好_____； ② 调节环境温度为 18～22℃，湿度为 50%～60%； ③ 移开床边障碍物； ④ 移开床上与睡眠无关的物品； ⑤ 检查_____软硬度； ⑥ 铺平床单或席子，确保平整无皱褶； ⑦ 展开盖被，呈"S"形折叠至对侧； ⑧ 拍松_____； ⑨ 将_____调暗； ⑩ 播放_____的轻音乐。				

4.反思评价

（1）照顾婴幼儿，需要耐心及细心。生活中你具备这"两心"了吗？请举例说明。

（2）请你对本次任务进行评价，填写表 3-3。

表 3-3

评价内容	自　　评
课堂活动参与度	☆ ☆ ☆ ☆ ☆
小组活动贡献度	☆ ☆ ☆ ☆ ☆
学习内容接受度	☆ ☆ ☆ ☆ ☆

5.学习支持

1）合理布置婴幼儿的睡眠环境

（1）检查睡眠环境。

布置睡眠环境前，应检查卧室是否干净、整洁、安全，温度、湿度及光线是否适宜，有无噪声，是否提前开窗通风；检查床边是否有障碍物；检查床的安全性能，看有无损坏或松动，检查床上用品是否符合季节的要求。

（2）布置睡眠环境。

①关闭窗户（可根据季节调整开窗的大小），拉好窗帘；

②调节环境温度为 18~22℃，湿度为 50%~60%；

③移开床边障碍物；

④ 移开床上与睡眠无关的物品；

⑤ 检查床褥软硬度（根据季节准备床褥）；

⑥ 铺平床单或席子，确保平整无皱褶；

⑦ 展开盖被，呈 "S" 形折叠至对侧；

⑧ 拍松枕头；

⑨ 调节室内光线，睡前将光线调暗；

⑩ 播放轻柔、促进睡眠的音乐。

2）婴幼儿睡眠环境的基本要求

温暖、舒适、安全的睡眠环境，是保证婴幼儿良好睡眠的基本条件，因此，要合理布置婴幼儿的睡眠环境。

门窗。打开门窗通风，保持空气流通（包括使用空调时）。

床上用品。婴幼儿床上的被褥、枕头要干净、舒适，不能太厚太重，选择软硬合适的床垫。

床。床的尺度适中，一般长 120～140cm，宽 60～65cm，高 30～58cm，要有床栏，避免婴幼儿坠床。

室温。室温不要过冷或过热，夏季 26～28℃、冬季 18～22℃为宜，相对湿度保持在 50%～60%。

任务二　做好午睡前的准备工作

1. 情境描述

小王是一位新加入星星托育机构的老师。这天，由小王老师负责组织婴幼儿入睡。小朋友们刚刚吃完饭，她认为孩子玩累了就会更快地入睡，于是就带着 2 岁多的孩子们在户外跑跳，运动了大概 30 分钟才回到休息室。

小王老师把婴幼儿安顿到床上，本来希望所有的小朋友都能尽快入睡，可是她却发现孩子们好像都很兴奋，在床上翻来覆去、叽叽喳喳。小王老师正要提醒孩子们赶紧闭上眼睛睡觉，一旁的琦琦突然一阵剧烈呕吐，将中午吃的食物全都吐了出来。

问题：

（1）请你分析案例中婴幼儿无法入睡且呕吐的原因。小王老师的观点和做法是否正确？为什么？（完成工作表单 1）

（2）如果你是小王老师，你会怎么做呢？婴幼儿睡前应该做哪些准备工作？（完成工作表单 2）

2. 任务目标

（1）能叙述睡前活动的种类及要求。

（2）能合理组织婴幼儿睡前活动。

3. 工作表单

工作表单 1 如表 3-4 所示。

表 3–4

工作表单 1	婴幼儿无法入睡且呕吐的原因	姓名		班级	
		评分人		评分	

1. 请你分析案例中婴幼儿无法入睡且呕吐的原因。

（1）＿＿＿＿＿＿＿＿＿＿＿＿＿＿＿＿＿＿＿＿＿＿＿＿＿＿＿＿＿＿＿＿。

（2）＿＿＿＿＿＿＿＿＿＿＿＿＿＿＿＿＿＿＿＿＿＿＿＿＿＿＿＿＿＿＿＿。

（3）＿＿＿＿＿＿＿＿＿＿＿＿＿＿＿＿＿＿＿＿＿＿＿＿＿＿＿＿＿＿＿＿。

2. 小王老师的观点和做法是否正确？为什么？

小王老师的观点是 ＿＿＿＿＿＿＿＿＿＿＿＿＿＿＿＿＿＿＿＿＿＿＿＿＿

＿＿＿＿＿＿＿＿＿＿＿＿＿＿＿＿＿＿＿＿＿＿＿＿＿＿＿＿＿＿＿＿＿＿＿。

她的做法是 ＿＿＿＿＿＿＿＿＿＿＿＿＿＿＿＿＿＿＿＿＿＿＿＿＿＿＿＿＿

＿＿＿＿＿＿＿＿＿＿＿＿＿＿＿＿＿＿＿＿＿＿＿＿＿＿＿＿＿＿＿＿＿＿＿。

结果是 ＿＿＿＿＿＿＿＿＿＿＿＿＿＿＿＿＿＿＿＿＿＿＿＿＿＿＿＿＿＿＿

＿＿＿＿＿＿＿＿＿＿＿＿＿＿＿＿＿＿＿＿＿＿＿＿＿＿＿＿＿＿＿＿＿＿＿。

我认为她的观点是 ＿＿＿＿＿＿＿＿＿＿＿＿＿＿＿＿＿＿＿＿＿＿＿＿＿＿。

因为 ＿＿＿＿＿＿＿＿＿＿＿＿＿＿＿＿＿＿＿＿＿＿＿＿＿＿＿＿＿＿＿＿

＿＿＿＿＿＿＿＿＿＿＿＿＿＿＿＿＿＿＿＿＿＿＿＿＿＿＿＿＿＿＿＿＿＿＿

＿＿＿＿＿＿＿＿＿＿＿＿＿＿＿＿＿＿＿＿＿＿＿＿＿＿＿＿＿＿＿＿＿＿＿

＿＿＿＿＿＿＿＿＿＿＿＿＿＿＿＿＿＿＿＿＿＿＿＿＿＿＿＿＿＿＿＿＿＿。

工作表单 2 如表 3-5 所示。

表 3-5

| 工作表单 2 | 怎样组织睡前活动 | 姓名 | | 班级 | |
| | | 评分人 | | 评分 | |

1. 如果你是小王老师，你会怎么做呢？

（1）可通过播放 _____ 舒缓的轻音乐、轻声细语 _____ 等方式，营造 _____、温馨的睡觉氛围。

（2）睡前应该安排婴幼儿开展一些 _____ 的活动，使其入睡时情绪稳定，禁止 _____ 运动。

（3）睡前活动不宜过长，以 _____ 分钟左右为宜。

2. 婴幼儿睡前应该做哪些准备工作？

（1）组织婴幼儿进入睡前 _____；

（2）照护者向婴幼儿介绍睡前活动的内容及要求；

（3）照护者播放舒缓或轻柔的 _____ 或 _____；

（4）开展集体散步活动；

（5）开展 _____，看读本、做手工，或者选择主题角开展活动；

（6）指导婴幼儿分类整理 _____；

（7）指导婴幼儿 _____，用小毛巾擦干；

（8）指导或协助婴幼儿如厕，如厕后洗手、擦干；

（9）指导或协助婴幼儿 _____ 上床睡觉。

4. 反思评价

（1）如果你是照护者，你认为组织婴幼儿睡前活动应该注意什么？

_____

_____

_____

（2）请你对本次任务进行评价，填写表 3-6。

表 3-6

评价内容	自　评
课堂活动参与度	☆ ☆ ☆ ☆ ☆
小组活动贡献度	☆ ☆ ☆ ☆ ☆
学习内容接受度	☆ ☆ ☆ ☆ ☆

5. 学习支持

1）组织睡前活动的基本要求

（1）营造睡觉氛围。照护者可以选择情节相对舒缓的故事，用轻柔的语言讲述，也可以让婴幼儿自己讲述；可以播放一些舒缓的轻音乐，这样能够有助于婴幼儿平稳情绪、放松神经，进入到安静的状态。

（2）合理组织睡前活动。照护者指导婴幼儿在室外安全的场地散步，但要禁止剧烈活动；陪伴或要求婴幼儿独立完成一些简单的手工，不要选择过于复杂的手工，以免时间太长，影响睡眠，一般20分钟左右为宜；可选择一些适合婴幼儿年龄段的读本，让婴幼儿自己看，也可陪伴婴幼儿一起看；利用已设置的美工区、娃娃家等主题角开展主题活动。

（3）做好睡前如厕工作。睡前 10 分钟，照护者应及时提醒、督促婴幼儿大小便；对于个别情绪易激动者，照护者要进行安抚，让他平静下来。

2）睡前的具体准备工作

（1）组织婴幼儿进入睡前活动的场地；

（2）照护者向婴幼儿介绍睡前活动的内容及要求；

（3）照护者播放舒缓或轻柔的儿歌或摇篮曲；

（4）开展集体散步活动；

（5）开展一对一讲故事活动，看读本、做手工或者选择主题角开展活动；

（6）指导婴幼儿分类整理活动用品；

（7）指导婴幼儿洗手，用小毛巾擦干；

（8）指导或协助婴幼儿如厕，如厕后洗手、擦干；

（9）指导或协助婴幼儿脱衣上床睡觉。

3）组织睡前活动的注意事项

（1）睡前禁止安排过于兴奋或运动量大的活动，防止婴幼儿过度兴奋而影响睡眠；

（2）活动场地及用品均应保证婴幼儿的安全；

（3）睡前活动时间不宜过长，以 20 分钟左右为宜；

（4）组织活动时照护者应随时观察婴幼儿的身体状况，遇到情况及时处理。

任务三　婴幼儿午睡过程中的检查

1. 情境描述

在某托幼机构，照护者为了解婴幼儿的身体情况每天进行常规午检。在星期五的午检过程中，照护者李老师发现 2 岁的贝贝面色潮红，伸手摸了摸贝贝的额头，感觉很烫手，好像发烧了。李老师认为贝贝可能是正常的感冒发烧，想等着贝贝睡醒之后再给他测量体温或者吃点感冒药，所以没太在意，继续让他午睡。但是午休结束时，李老师发现贝贝依然躺在小床上，测量体温，显示为 38.8℃。

问题：

（1）贝贝出现了哪些症状？如果你是照护者，在午检时发现贝贝的体温异常，你该如何处理？（完成工作表单 1）

（2）以小组为单位讨论，在托幼机构中照护者在婴幼儿午睡时应该注意哪些事项？（完成工作表单 2）

2. 任务目标

（1）能说出婴幼儿午检的工作内容。

（2）能按照要求完成婴幼儿午检工作。

3. 工作表单

工作表单 1 如表 3-7 所示。

表 3-7

工作表单 1	如何处理贝贝体温异常的情况	姓名		班级	
		评分人		评分	

1. 贝贝出现了哪些症状?

（1）_____

_____。

（2）_____

_____。

（3）_____

_____。

2. 如果你是照护者,在午检时发现贝贝的体温异常,你该如何处理?

（1）多给贝贝_____,防止他因过度缺水而引发其他病症。

（2）把_____放在他的额头,进行物理降温。

（3）让学校保健医生给贝贝检查。

（4）通知贝贝的_____,告知贝贝的病情。

3. 你还能想到哪些处理方式呢?

（1）_____

_____。

（2）_____

_____。

（3）_____

_____。

工作表单 2 如表 3-8 所示。

表 3-8

工作表单 2	婴幼儿午检注意事项	姓名		班级	
		评分人		评分	

1. 以小组为单位讨论，在托幼机构中照护者在婴幼儿午睡时应该注意哪些事项？

（1）午检时，若发现婴幼儿有高热、惊厥、腹痛等现象，应立即通知 _____，通知 _____ 进行检查或带婴幼儿到 _____ 就诊。

（2）婴幼儿午睡做噩梦哭喊时，照护者应用 _____ 的语言进行抚慰或者帮助婴幼儿调整 _____，使其恢复 _____ 继续入睡。

（3）提醒早醒的婴幼儿保持 _____，不影响同伴休息。

（4）婴幼儿午睡时，照护者不能 _____，也不能在卧室打瞌睡、串岗、_____，做到走路轻、_____，保持一个 _____ 祥和的环境。

2. 想一想，在婴幼儿午睡前和午睡后应该着重检查哪些方面呢？

4. 反思评价

（1）午检看似是很容易很简单的事情，而实际却并非如此。你打算如何进行这项工作呢?

_____

_____

_____

（2）请你对本次任务进行评价，填写表 3-9。

表 3-9

评价内容	自　评
课堂活动参与度	☆ ☆ ☆ ☆ ☆
小组活动贡献度	☆ ☆ ☆ ☆ ☆
学习内容接受度	☆ ☆ ☆ ☆ ☆

5. 学习支持

1）午检的操作流程

（1）午睡前检查：

①照护者洗手、戴口罩；②与婴幼儿沟通午检的要求，取得婴幼儿配合；③测量体温，检查婴幼儿有无发热现象；④观察婴幼儿精神状态是否活泼；⑤观察婴幼儿面色是否正常；⑥观察婴幼儿口腔上颚、嘴唇内壁、手心、脚底是否有疱疹；⑦询问婴幼儿饮食情况；⑧询问婴幼儿睡眠情况；⑨询问婴幼儿大小便情况；⑩检查婴幼儿是否携带了不安全物品。

（2）午睡时检查：

①检查睡眠环境的温湿度、光线、噪声强度是否适宜；②观察婴幼儿是否安然入

睡，针对暂未入睡的婴幼儿，轻声提醒其保持安静，并尽快入睡；③检查婴幼儿睡姿是否正确，以右侧卧位或仰卧位为宜；④检查婴幼儿衣物是否摆放整齐，扣子有无脱落；⑤检查婴幼儿是否盖好被子，提醒婴幼儿不要用被子蒙头睡；⑥检查婴幼儿排尿情况，针对无尿床的婴幼儿，应提早提醒上厕所，对已经尿床的婴幼儿，应及时更换衣裤及床上用品；⑦观察婴幼儿身体状况，确认婴幼儿有无发热现象。

（3）午睡后检查：

①观察婴幼儿的精神状态；②观察婴幼儿的身体状态；③指导或协助婴幼儿穿衣服；④检查婴幼儿的衣服是否穿戴整齐；⑤检查婴幼儿口腔上颚、嘴唇内壁、手心、脚底是否有疱疹。

2）午检注意事项

（1）午检时，若发现婴幼儿有高热、惊厥、腹痛等现象，应立即通知家属，通知保健医生进行检查或带婴幼儿去医院就诊。

（2）婴幼儿午睡做噩梦哭喊时，照护者应用轻柔的语言进行抚慰或者帮婴幼儿调整睡姿，使其恢复平静后继续入睡。

（3）提醒早醒的婴幼儿保持安静，不影响同伴睡觉。

（4）婴幼儿午睡时，照护者不能离岗，也不能在卧室打瞌睡、串岗、聊天，做到走路轻、说话轻，保持一个安静祥和的环境。

任务四　帮丁丁解决他的"小难题"

1.情境描述

一天中午，托幼机构的小朋友睡完午觉准备起床，大家陆陆续续穿好了衣服。照护者张老师发现其他小朋友都去上厕所了，只有丁丁还在床上穿衣服。丁丁一直是奶奶带着，生活自理能力方面弱一些。张老师走过去，看见丁丁拿着一件圆领衣服，把衣服套在头上，可是总也找不到领子口，虽然他两只手使劲地往下拽衣服，但是依然没办法把衣服穿上。张老师帮助丁丁找到衣服领口，让他先把头套进去，再把手伸进袖子里。丁丁在老师的帮助下，按照这个方法终于把衣服穿好了。

问题：

（1）结合案例你认为丁丁自理能力弱的原因是什么？造成婴幼儿自理能力弱的因素还有哪些？（完成工作表单1）

（2）作为照护老师，我们应该从哪些角度帮助丁丁解决他的"小难题"？（完成工作表单2）

（3）小组讨论，帮助婴幼儿穿脱衣服的要点有哪些？（完成工作表单3）

2.任务目标

（1）了解婴幼儿生活自理能力的现状。

（2）能正确指导婴幼儿穿脱衣服。

3.工作表单

工作表单1如表3-10所示。

表 3-10

工作表单 1	婴幼儿自理能力弱的原因分析	姓名		班级	
		评分人		评分	

1. 结合案例，你认为丁丁自理能力弱的原因是什么？

（1）_____

_____。

（2）_____

_____。

（3）_____

_____。

2. 造成婴幼儿自理能力弱的因素还有哪些？

（1）_____

_____。

（2）_____

_____。

（3）_____

_____。

工作表单 2 如表 3-11 所示。

表 3-11

工作表单 2	帮丁丁解决他的"小难题"	姓名	班级
		评分人	评分

作为照护老师，我们应该从哪些角度帮助丁丁解决他的"小难题"？

（1）_____

_____。

（2）_____

_____。

（3）_____

_____。

工作表单 3 如表 3-12 所示。

表 3-12

工作表单 3	帮助婴幼儿穿脱衣服	姓名		班级	
		评分人		评分	

1. 脱衣服的步骤

（1）脱衣服：脱开衫时，先解开_____，然后从_____逐一拉下两只袖子；脱套头衫时，先将_____脱掉，再钻脱领口。

（2）脱裤子：将裤腰褪至_____，两只手分别抓住两个裤腿往_____扯，同时把小脚_____缩，手脚同时用力，脱掉裤子。

（3）脱袜子：双手抓住袜筒脱至_____处，然后用手捏住_____脱下。

（4）脱鞋子：先解开_____或_____，然后抓住____，手脚同时用力将鞋子脱下，最后将脱下的鞋子摆放整齐。

2. 穿衣服的步骤

（1）穿开衫：先教婴幼儿认识衣服的正反面，将开衫的正面在外反面在里；然后双手抓住_____向后甩，将衣服披在肩头；接着用手指拽住衣服_____，手握成拳头状，穿进衣服袖子；最后翻好_____，将衣服前襟_____，_____拉好拉链或_____扣子。

（2）穿套头衣：先教婴幼儿认识衣服的_____（正面领口较低），将头钻入_____，把衣服_____转到胸前，找到两只袖子并一一穿上，最后整理好衣服。

（3）穿裤子：先教婴幼儿认识裤子的_____；双手提好_____，将腿伸入裤筒里，先伸一条腿，再伸另一条腿；然后提裤子到腰上；最后将内衣塞进裤子里。

（4）穿袜子：先教婴幼儿认识袜子的不同部位，如袜尖、袜底、_____、袜筒；手持袜筒，袜底放在下面，_____朝前；然后两手将袜筒推叠到袜跟，再往脚上穿，先穿_____，再穿_____，最后提_____。

（5）穿鞋子：先教婴幼儿分辨_____两只鞋，并将左鞋和右鞋放正；两脚分别穿上鞋，用手提后跟；最后系_____或_____。

4. 反思评价

（1）你觉得指导婴幼儿穿脱衣服应该遵循哪些原则呢?

（2）请你对本次任务进行评价，填写表 3-13。

表 3-13

评价内容	自　评
课堂活动参与度	☆ ☆ ☆ ☆ ☆
小组活动贡献度	☆ ☆ ☆ ☆ ☆
学习内容接受度	☆ ☆ ☆ ☆ ☆

5. 学习支持

1）指导婴幼儿穿脱衣服的原则

（1）应根据不同年龄段婴幼儿的自理能力来指导婴幼儿穿脱衣服。

（2）指导婴幼儿穿衣时应按照从上到下、从里到外的顺序进行。

（3）指导婴幼儿穿脱衣服应遵循从简单到复杂的原则，可从指导穿背心、短裤开始，逐渐增加穿衣服的难度，直至掌握穿脱衣物的技巧。

（4）应遵循循序渐进的原则。12 个月以上的婴幼儿可以训练脱袜子、脱鞋、戴帽子；18 个月以上的婴幼儿可以训练脱上衣、脱裤子；24 个月以上的婴幼儿可以逐渐学会穿脱鞋袜，并在照护者的帮助下完成穿衣；30 个月以上的婴幼儿可以训练穿衣服、穿裤子、系扣子等。

2）如何指导不同年龄段婴幼儿正确穿脱衣服

（1）12 个月至 18 个月的婴幼儿。

12 个月以上的婴幼儿已可以开始学习穿脱衣服了。12 个月以上的婴幼儿可以自由地独立活动，可以开始训练婴幼儿穿脱衣服的能力。开始训练时，可先训练婴幼儿脱帽子、袜子、鞋子，这些比较简单的动作训练几次就很容易掌握；再训练婴幼儿戴帽子，将鞋或袜子套在脚上，但不必真正穿上，这个年龄的婴幼儿能做到这一点就可以了。这些能力的训练可在护理婴幼儿穿衣戴帽时边做边训练，使婴幼儿对穿衣产生兴趣，从而吸引他们反复练习。在此基础上，训练婴幼儿脱裤子和前面开口的短衫，这是比较复杂的动作，坚持下去他们也就慢慢学会了，真正地会穿脱衣服还要过一段时间。

（2）30 个月以上的婴幼儿。

脱衣服的步骤如下。

① 脱衣服：脱开衫时，先解开扣子或拉链，然后从背后逐一拉下两只袖子；脱套头衫时，先将两只袖子脱掉，再钻脱领口。

② 脱裤子：将裤腰褪至膝部以下，两只手分别抓住两个裤腿往外面扯，同时把小脚往里缩，手脚同时用力，脱掉裤子。

③ 脱袜子：双手抓住袜筒脱至袜跟处，然后用手捏住袜头脱下。

④ 脱鞋子：先解开鞋带或鞋扣，然后抓住鞋跟，手脚同时用力将鞋子脱下，最后将脱下的鞋子摆放整齐。

穿衣服的步骤如下。

（1）穿开衫：先教婴幼儿认识衣服的正反面，将开衫的正面在外反面在里；然后双手抓住衣领向后甩，将衣服披在肩头；接着用手指拽住衣服袖子，手握成拳头状，穿进衣服袖子；最后翻好衣领，将衣服前襟对齐，自上而下或自下而上拉好拉链或系好扣子。

（2）穿套头衣：先教婴幼儿认识衣服的正反面（正面领口较低），将头钻入领口，把衣服正面转到胸前，找到两只袖子并一一穿上，最后整理好衣服。

（3）穿裤子：先教婴幼儿认识裤子的前后；双手提好裤腰，将腿伸入裤筒里，先伸一条腿，再伸另一条腿；然后提裤子到腰上；最后将内衣塞进裤子里。

（4）穿袜子：先教婴幼儿认识袜子的不同部位，如袜尖、袜底、袜跟、袜筒；手持袜筒，袜底放在下面，袜尖朝前；然后两手将袜筒推叠到袜跟，再往脚上穿，先穿袜尖，再穿袜跟，最后提袜筒。

（5）穿鞋子：先教婴幼儿分辨左右两只鞋，并将左鞋和右鞋放正；两脚分别穿上鞋，用手提后跟；最后系鞋扣或鞋带。

任务五　培养东东规律的作息习惯

1.情境描述

东东今年两岁半了，是个活泼可爱的小男孩。由于前一天出去玩时活动量太大，第二天东东从中午12点一直睡到下午4点，醒来之后精神特别好。晚上快12点了，他还在客厅玩游戏。他时而拿着冲锋枪到处跑，时而堆积木，时而拉着妈妈要妈妈讲故事，一点也没有要睡觉的意思。妈妈白天上班，正常情况下东东晚上10点钟入睡，妈妈也能很快洗漱休息。可这一天东东精力特别旺盛，妈妈已经累得精疲力尽了。最后，妈妈强制性地抱着东东到床上睡觉，东东用拳头捶打着妈妈大哭起来。

问题：

（1）请你结合案例分析为什么东东这么晚了还没入睡？婴幼儿的睡眠一般有什么样的规律？（完成工作表单1）

（2）作为照护者，应该怎样帮助婴幼儿养成良好的作息规律？如果你是东东的妈妈你会怎样做呢？（完成工作表单2）

（3）小组讨论，说一说良好的作息规律对婴幼儿有什么影响？（完成工作表单3）

2.任务目标

（1）能说出良好的作息规律对婴幼儿的影响。

（2）能根据不同年龄段婴幼儿的需要安排和培养作息。

3.工作表单

工作表单1如表3-14所示。

表 3-14

工作表单 1	婴幼儿晚睡的原因分析	姓名		班级	
		评分人		评分	

1. 请你结合案例分析为什么东东这么晚了还没入睡？

（1）_____

_____。

（2）_____

_____。

（3）_____

_____。

2. 一般来说，婴幼儿睡眠的规律是怎样的？

工作表单 2 如表 3-15 所示。

表 3-15

工作表单 2	正确培养婴幼儿良好的作息规律	姓名		班级	
		评分人		评分	

1. 培养婴幼儿有规律的作息，要充分考虑婴幼儿的年龄特点，同时还要兼顾个体差异。

适当调整	依据不同年龄段婴幼儿饮食、睡眠、活动的一般规律，合理安排作息；同时，还要根据不同的_____调整作息时间。
关注个体差异	照护者应兼顾婴幼儿的差异性，不能要求每个婴幼儿都有_____的作息规律。照护者需要根据个体差异调整作息时间，制定适合每个婴幼儿的生活作息表，使其养成_____的生活习惯。
强化固定仪式	在婴幼儿养成合理作息规律的过程中，婴幼儿对时间的认识是和固定的事件、事物联系在一起的，照护者在每日重复的活动中，要使用_____的语言、动作，让婴幼儿知道现在该干什么，将每日需重复进行的活动都冠以小小的"仪式"，让婴幼儿熟悉自己的生活，并乐于配合照护者的行动。

2. 如果你是东东的妈妈，你会如何调整东东的睡眠呢？

（1）_____

_____。

（2）_____

_____。

（3）_____

_____。

工作表单 3 如表 3-16 所示。

表 3-16

工作表单 3	良好的作息规律对婴幼儿的影响	姓名		班级	
		评分人		评分	

合理有规律的作息与婴幼儿生长发育有着密切的联系，照护者应培养婴幼儿养成良好的作息习惯。

促进婴幼儿生长发育	婴幼儿的饮食、睡眠、活动，环环相连，相互影响。合理作息能让婴幼儿保持_____、_____、_____和情绪，有利于婴幼儿生长发育。
促进大脑发育	1～3 岁是大脑发育的_____时期，合理的作息可以减少脑细胞的_____，有利于婴幼儿_____的发育。同时，合理的作息能让婴幼儿保持良好的精神状态和积极的_____，有利于婴幼儿的_____发育。

4. 反思评价

（1）睡眠对婴幼儿的生长发育有重要的作用，你认为培养婴幼儿良好的睡眠习惯应该注意哪些事项?

_____

_____

_____

（2）请你对本次任务进行评价，填写表 3-17。

表 3-17

评价内容	自　评
课堂活动参与度	☆ ☆ ☆ ☆ ☆
小组活动贡献度	☆ ☆ ☆ ☆ ☆
学习内容接受度	☆ ☆ ☆ ☆ ☆

5. 学习支持

1）良好的作息规律对婴幼儿的影响

（1）促进婴幼儿生长发育。婴幼儿的饮食、睡眠、活动，环环相连，相互影响。合理作息能让婴幼儿保持充足的睡眠、规律地进食、良好的精神状态和情绪，有利于婴幼儿生长发育。

（2）促进大脑发育。1～3 岁是大脑发育的关键时期，合理的作息可以减少脑细胞的能量消耗，有利于婴幼儿神经系统的发育。同时，合理的作息能让婴幼儿保持良好的精神状态和积极的运动状态，有利于婴幼儿的智力发育。

2）怎样培养婴幼儿良好的睡眠习惯

（1）创造温馨、舒适、安全的睡眠环境，如居室安静、光线柔和、温湿度适宜，根据季节变化，选择厚薄适宜的盖被；

（2）指导或协助婴幼儿洗澡、洗脸、洗脚和清洗臀部；

（3）给婴幼儿按摩，有助于婴幼儿更好地入睡；

（4）指导或协助婴幼儿刷牙，或用清水漱口，以保护牙齿；

（5）指导婴幼儿如厕，排空大小便；

（6）指导或协助婴幼儿换上宽松、柔软的睡衣，冬天可让婴幼儿使用睡袋，既保暖又舒适，又不容易着凉；

（7）安排睡前活动，可利用固定乐曲催眠入睡或讲故事，但不拍、不摇、不抱，更不可用喂哺催眠，禁止开展过于兴奋的活动，避免婴幼儿过度兴奋而影响睡眠；

（8）将婴幼儿安置在小床上，让其自然入睡，观察婴幼儿睡眠情况，如果暂时没有睡着，不要去逗他，其不久自然会入睡。

任务六　安抚入睡困难的玲玲安静入睡

1. 情境描述

两岁的玲玲到新星托幼机构有一个月了。她每次一定要带着家里的布娃娃才去托幼机构。在活动室的时候也一定要拿着布娃娃。午睡的时候，她需要照护者小王老师陪在她旁边，抱着布娃娃才能入睡。小王老师说睡觉的时候手里不要拿着任何东西，玲玲说什么都不肯放下自己的布娃娃。这天小王老师看到玲玲入睡了，于是悄悄地拿走了她的布娃娃。可是没过一会儿，玲玲醒过来看见自己的布娃娃不见了，开始哇哇大哭，把其他小朋友也吵醒了。后来小王老师得知，这个布娃娃是玲玲的妈妈给她买的，妈妈在外地，很长时间才回来一次，玲玲每天都要抱着这个布娃娃才肯睡觉。

问题：

（1）婴幼儿入睡困难有哪些原因？你认为玲玲入睡困难的原因是什么？婴幼儿为什么会有依恋物？（完成工作表单1）

（2）针对玲玲的情况，小王老师应该如何帮助玲玲呢？作为照护者，应该怎样安抚入睡困难的婴幼儿？（完成工作表单2）

2. 任务目标

（1）能说出婴幼儿入睡困难的原因。

（2）能安抚入睡困难的婴幼儿安静入睡。

3. 工作表单

工作表单1如表3-18所示。

表 3-18

工作表单 1	婴幼儿入睡困难的原因分析	姓名	学号
		评分人	评分

1. 婴幼儿入睡困难的原因是什么?

（1）婴幼儿睡前进食_____。

（2）睡前精神_____，导致大脑皮层过度兴奋。

（3）婴幼儿感到_____。

（4）生活规律和_____的改变。

（5）婴幼儿_____不舒服。

（6）_____不舒适。

（7）对某一物品的_____。

（8）_____的影响，影响入睡。

（9）婴幼儿的性格和_____。

2. 你认为玲玲入睡困难的原因是什么? 婴幼儿为什么会有依恋物?

玲玲入睡困难的原因是:

（1）_____。

（2）_____。

（3）_____。

婴幼儿有依恋物的原因是:

（1）_____。

（2）_____。

（3）_____。

工作表单 2 如表 3-19 所示。

表 3-19

工作表单 2	怎样安抚入睡困难的婴幼儿	姓名		班级	
		评分人		评分	

1. 针对玲玲的情况，小王老师应该如何帮助玲玲呢？

2. 作为照护者，应该怎样安抚入睡困难的婴幼儿？

（1）指导或协助婴幼儿_____、洗脸、洗脚和清洗臀部；

（2）给婴幼儿_____，有助于婴幼儿更好地入睡。

（3）指导或协助婴幼儿刷牙，或用清水漱口，以保护_____。

（4）指导婴幼儿_____，排空大小便。

（5）指导或协助婴幼儿换上宽松、柔软的_____，冬天可让婴幼儿使用睡袋，既保暖又舒适，又不容易着凉。

（6）将婴幼儿安置在小床上，盖好被子，对于缺乏_____的婴幼儿，可以适当将被子掖紧一点或者用睡袋或者用薄毯裹紧一点。

（7）满足婴幼儿合理的_____，如有些婴幼儿需要玩偶陪伴入睡。

（8）将_____调暗，或调至柔和光线。

（9）照护者可采用陪伴安抚、_____安抚、语音安抚、_____安抚等方式安抚婴幼儿入睡。

（10）辨别婴幼儿的深浅睡眠，若处在_____睡期，继续进行陪伴安抚；若婴幼儿进入_____睡期，帮其盖好被子，关灯或留一盏小夜灯，照护者轻声关好门离开。

4. 反思评价

（1）婴幼儿入睡困难的原因有很多，如何能确定是什么原因呢？

_____

_____

_____

（2）请你对本次任务进行评价，填写表 3-20。

表 3-20

评价内容	自　评
课堂活动参与度	☆ ☆ ☆ ☆ ☆
小组活动贡献度	☆ ☆ ☆ ☆ ☆
学习内容接受度	☆ ☆ ☆ ☆ ☆

5. 学习支持

1）婴幼儿入睡困难的原因

（1）婴幼儿睡前进食过饱或太少，都会刺激大脑出现睡眠不安，从而影响入睡。

（2）睡前精神过度兴奋，导致大脑皮层过度兴奋，致使婴幼儿不易入睡，多哭闹，甚至做噩梦。

（3）婴幼儿感到身体不适，如穿的衣服过厚、过紧，被子太厚，室内温暖过高、过低等，都会让婴幼儿感到不舒适，从而影响睡眠。

（4）生活规律和睡眠环境的改变，如作息时间的改变、照护者的变换、住房的迁移、卧室的改动等周围环境和生活节奏的改变都会引起婴幼儿的入睡困难和睡眠不安。

（5）婴幼儿睡眠姿势不舒服，如手脚受压、胸口受压等，都会影响婴幼儿入睡。

（6）睡眠环境不舒适，如睡眠环境太吵或太安静，使婴幼儿感觉不适应，无法入睡。

（7）对某一物品的依恋，得不到满足，影响入睡。

（8）疾病的影响，如感冒、发烧、鼻塞呼吸不畅等都会引起婴幼儿哭闹不安，影响入睡。

（9）婴幼儿的性格和气质影响，如睡觉困难型婴幼儿，经常大哭大闹，不好哄，爱发脾气。

2）婴幼儿与依恋物

依恋物就是婴幼儿在众多玩具中最喜欢的物品，无论吃饭睡觉，还是外出旅行，都一定要带上，哪怕又脏又破都不舍得丢掉。

依恋物对于婴幼儿来说，已经不仅仅是一个玩具、一块毛巾，而是他们适应这个新世界、新环境的情感拐杖。当婴幼儿对环境的适应感觉心力不济的时候，会依靠依恋物来帮助自己适应新的环境，调整自己的情绪，稳定自己的心境。我们也可以理解为，依恋物其实是妈妈的替代品，婴幼儿能从中找到安全感。对婴幼儿来说，成长的过程是与父母分离的过程，而这个过程，是十分艰辛的。依恋物能帮助婴幼儿渡过这个艰难的时期。

有些人对依恋物是有误解的，认为婴幼儿总需要依恋物陪伴，是安全感不足的表现。事实却恰恰相反，婴幼儿有依恋物说明他正在构建安全感。在离乳、分床、进入婴幼儿园等"重大时刻"，依恋物能够减轻婴幼儿内在的焦虑感，给予他们精神抚慰，帮助他们更好更快地走向独立。还有些人认为孩子依赖依恋物，将来会发展成心理问题。这是错误的看法，婴幼儿依赖依恋物是完全正常的健康行为。

四、模块测试

（一）理论知识部分

1. 判断题

（1）睡眠时间包括睡眠的准备及起床，一般各30分钟。（　　）

（2）为了方便婴幼儿就寝、保证婴幼儿的安全，托幼机构不宜使用双层床。（　　）

（3）充足的睡眠可使婴幼儿的身心，特别是神经系统得到充分休息，消除疲劳，积蓄身体所需的养料和能量。（　　）

（4）室内温度过高会使婴幼儿神经系统受到抑制，干扰消化与呼吸系统，不利于机体散热。（　　）

（5）睡前可以适当安排一些运动量大、活动量大的活动，这样有利于婴幼儿健康入睡。（　　）

（6）午检在婴幼儿午睡前和午睡时进行，照护者应耐心、细心地为婴幼儿进行午检，以便及时发现异常情况，并予以处理。（　　）

（7）10个月以上的婴幼儿，可以训练其脱袜子、脱鞋、脱帽子。（　　）

（8）合理的作息可以减少脑细胞的能量消耗，有利于婴幼儿神经系统的发育。（　　）

（9）室内应经常开窗通风，进行湿性扫除，以保持空气新鲜。（　　）

（10）婴幼儿午睡时，照护者可以休息一下，只要做到走路轻、说话轻就可以了。（　　）

2. 单选题

（1）睡眠有助于（　　）。

A. 保护神经系统　　　　　　　　B. 加速骨骼生长

C. 消除疲劳　　　　　　　　　　D. 以上都是

（2）婴幼儿床的选择，高度应该为（   ）。

    A. 30～58cm   B. 20～40cm

    C. 30～70cm   D. 50～80cm

（3）婴幼儿卧室的室温应该保持在（   ）。

    A. 15～26℃   B. 20～30℃

    C. 18～22℃   D. 25～32℃

（4）睡前活动包括（   ）。

    A. 听音乐   B. 讲故事

    C. 散步   D. 以上都是

（5）婴幼儿脱裤子，首先应该（   ）。

    A. 两只手分别抓住裤腿往外扯   B. 将裤腰褪至膝部以下

    C. 手脚用力脱掉裤子   D. 小脚往里缩

3. 多项选择题

（1）午睡时间到了，小二班的张老师正在组织午睡前的活动，下列（   ）活动适合在睡前进行。

    A. 让婴幼儿听情节舒缓的故事   B. 带婴幼儿出去散步

    C. 带领婴幼儿进行户外游戏   D. 带领婴幼儿听轻柔的音乐

（2）培养婴幼儿作息规律的要点包括（   ）。

    A. 适当调整   B. 关注个体差异

    C. 淡化固定仪式   D. 固定不变

（3）婴幼儿入睡困难的原因包括（   ）。

    A. 婴幼儿睡前进食太饱或太少   B. 睡前精神过度兴奋

    C. 生活规律或睡眠环境的改变   D. 婴幼儿睡眠姿势不正确

（4）如何培养婴幼儿良好的睡眠习惯？（   ）

    A. 创造温馨、舒适、安全的睡眠环境

B. 婴幼儿穿紧身衣服入睡

C. 为了尽快让婴幼儿入睡，要把婴幼儿抱起来，不停地摇晃

D. 将婴幼儿安置在小床上，让其安然入睡

（5）午睡后的检查包括（　　　）。

A. 观察婴幼儿的精神状态　　　　　B. 观察婴幼儿的身体状况

C. 指导或协助婴幼儿穿衣服　　　　D. 检查婴幼儿衣物舒服、穿戴整齐

（二）技能操作部分

请你根据初级婴幼儿照护职业技能考试要求，完成婴幼儿脱穿衣服指导。

1. 婴幼儿穿脱衣服指导实施条件

婴幼儿穿脱衣服指导实施条件见表 3-21。

表 3-21

名称	实施条件	要求
实施环境	（1）模拟房间；（2）多媒体教室；（3）无线网络	干净、整洁、光线适宜，实时在线学习、在线考核
设施设备	（1）椅子；（2）操作台	设施完好，用物备齐
物品准备	（1）开襟衫 1 件；（2）裤子 1 条；（3）鞋子1 双；（4）袜子 1 双；（5）手消毒剂若干	工作服、帽子、口罩、发网、挂表（照护者自备）
人员准备	照护者具备指导婴幼儿穿脱衣服的操作技能和相关知识	照护者着装整齐，洗手，剪指甲

2. 婴幼儿脱穿衣服指导考核标准

该项操作的评分标准包含评估、计划、实施、评价四个方面的内容，总分为100分。测试时间 15 分钟，其中环境和用物准备 5 分钟，操作 10 分钟。指导婴幼儿脱穿衣服的考核标准如表 3-22。

表 3-22

考核内容		考核点	分值	评分要求	扣分	得分	备注
评估 （15分）	婴幼儿	评估婴幼儿的健康状态、自理能力	3	未评估扣3分，评估不全面扣1~2分			
		评估婴幼儿的意识状态、理解能力	3	未评估扣3分，评估不全面扣1~2分			
	环境	评估环境是否干净、整洁、光线适宜	3	未评估扣3分，评估不全面扣1~2分			
	照护者	着装整齐、洗手	3	未洗手扣2分，着装不规范扣1~2分			
	物品	用物准备齐全（开襟衫、裤子、鞋子、袜子、手消毒剂）	3	少一个扣0.5分，扣完3分为止			
计划 （5分）	预期目标	口述目标：婴幼儿在指导下完成脱穿衣服	5	未口述扣5分，口述不正确扣1~4分			
实施 （60分）	穿脱衣服准备与指导	1. 准备婴幼儿要穿的宽松衣服	2	未准备扣2分，衣服不合适扣1~2分			
		2. 教婴幼儿认识衣裤袜的前后和里外	3	未教扣2分，指导不正确扣1~2分			
		3. 教婴幼儿认识鞋子的左和右	3	未教扣2分，指导不正确扣1~2分			
		1. 指导婴幼儿脱衣服：照护者准确示范脱衣服，逐步口述脱衣服的程序及方法，婴幼儿根据口述的内容逐步完成脱衣服，及时纠正婴幼儿不正确的做法	5	未指导扣2分，指导不到位扣1~2分			

（续表）

考核内容		考核点	分值	评分要求	扣分	得分	备注
实施（60分）	穿脱衣服准备与指导	2. 指导婴幼儿脱裤子：照护者准确示范脱裤子动作，逐步口述脱裤子的程序及方法，婴幼儿根据口述的内容逐步完成脱裤子，照护者及时纠正婴幼儿不正确的做法	4	未指导扣2分，指导不到位扣1~2分			
		3. 指导婴幼儿穿衣服：照护者准确示范穿开襟衣服的动作，逐步口述穿开襟衣服的程序及方法，婴幼儿根据口述的内容完成穿开襟衣服，照护者及时纠正婴幼儿不正确的做法	12	未指导扣5分，指导不到位扣1~4分			
		4. 指导婴幼儿穿裤子：照护者准确示范穿裤子的动作，逐步口述穿裤子的程序及方法，婴幼儿根据口述的内容逐步完成穿裤子，照护者及时纠正婴幼儿不正确的做法	8	未指导扣3分，指导不到位扣1~2分			
		5. 指导婴幼儿穿袜子：照护者准确示范穿袜子的动作，逐步口述穿袜子的程序及方法，婴幼儿根据口述的内容逐步完成穿袜子，照护者及时纠正婴幼儿不正确的做法	6	未指导扣2分，指导不到位扣1~2分			

（续表）

考核内容		考核点	分值	评分要求	扣分	得分	备注
实施 （60分）	穿脱衣物 准备与 指导	6. 指导婴幼儿穿鞋子：照护者准确示范穿鞋子的动作，逐步口述穿鞋子的程序及方法，婴幼儿根据口述的内容逐步完成穿鞋子，照护者及时纠正婴幼儿不正确的做法	6	未指导扣2分，指导不到位扣1~2分			
	整理 记录	1. 整理用物	4	未整理扣4分，整理不到位扣1~3分			
		2. 洗手	4	未洗手扣4分，洗手不到位扣1~3分			
		3. 记录	3	未记录扣3分，记录不规范扣1~2分			
评价（20分）		1. 操作熟练，程序清晰，规定时间内完成	5				
		2. 操作过程中言语轻柔，能与婴幼儿有效沟通	5				
		3. 具有高度的责任心，细心和耐心指导	5				
		4. 关心关爱婴幼儿	5				
总分			100				

模块四　婴幼儿二便照料

一、模块概述

　　大小便看似很普通的生活活动，其中却蕴含着许多重要的生理和心理价值。从生理角度来看，通过对婴幼儿大小便的观察，能及时发现婴幼儿身体出现的部分异常情况，以便及时进行诊断和治疗；从心理学角度来看，婴幼儿如厕能力和习惯的培养，会影响婴幼儿的人格发展。目前，不少婴幼儿在家如厕时，由于大人帮助太多，加上如厕方式及如厕器具的改变，对多数婴幼儿来说，自主如厕成为一种挑战。个别照护者在婴幼儿大小便弄脏衣服及身体时会表现出厌恶和排斥等情绪，甚至出现责骂婴幼儿等行为，这在一定程度上加重了婴幼儿如厕的心理压力，严重时还会引起个别婴幼儿如厕能力的倒退。

　　此模块主要学习如何正确帮助婴幼儿进行便后清洁及更换纸尿裤、辨别婴幼儿大小便异常、指导婴幼儿养成规律大小便的好习惯等。培养学生照料婴幼儿排便的基本能力，并能从婴幼儿身心和谐发展的角度出发，让婴幼儿轻松如厕，满足婴幼儿正常的生理排泄需要；帮助婴幼儿掌握独立如厕的基本技能，遵守如厕常规，养成健康的如厕习惯。

二、知识点与技能点

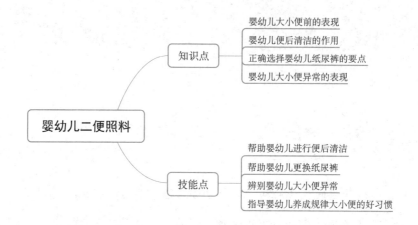

婴幼儿二便照料

知识点
- 婴幼儿大小便前的表现
- 婴幼儿便后清洁的作用
- 正确选择婴幼儿纸尿裤的要点
- 婴幼儿大小便异常的表现

技能点
- 帮助婴幼儿进行便后清洁
- 帮助婴幼儿更换纸尿裤
- 辨别婴幼儿大小便异常
- 指导婴幼儿养成规律大小便的好习惯

三、工作任务

任务一　帮助天天养成规律大小便的习惯

1. 情境描述

天天是个两岁的男孩，一直在穿纸尿裤，妈妈觉得纸尿裤不透气，天天穿着不舒服，想趁着天气热让天天摆脱依赖纸尿裤的习惯，培养他大小便的习惯。不穿纸尿裤的天天在大小便之前都会站在原地一动不动，经常把大小便拉在裤子里。妈妈并没有观察到天天的异样，只是在每次发现后生气地批评天天，"你怎么那么笨啊？怎么就不知道提前说呢？"，接着不耐烦地帮他更换衣服。天天因此变得胆小和敏感，如厕前更加焦虑紧张。妈妈觉得每天给天天换洗衣物很麻烦，于是又给他穿上了纸尿裤，天天又回到了原来的状态。

问题：

（1）结合案例，天天在大小便的问题上碰到了哪些困难呢？婴幼儿在大小便前会

有哪些表现？天天的表现是怎样的？（完成工作表单 1）

（2）天天的妈妈想要培养天天如厕大小便的好习惯，她是如何做的呢？结果如何？我们要如何帮助天天养成规律大小便的良好习惯？（完成工作表单 2）

（3）婴幼儿养成规律自主大小便有什么意义呢？（完成工作表单 3）

2. 任务目标

（1）能说出婴幼儿大小便养成的意义。

（2）能识别婴幼儿大小便前的表现。

（3）能帮助婴幼儿大小便规律的养成。

（4）能在照护中关心和爱护婴幼儿。

3. 工作表单

工作表单 1 如表 4-1 所示。

表 4-1

工作表单 1	婴幼儿二便的表现	姓名		学号	
		评分人		评分	

1. 结合案例，天天在如厕大小便的问题上碰到了哪些困难呢？

2. 婴幼儿在大小便前会有哪些表现？天天的表现是怎样的？

婴幼儿在大小便前的一般表现是 _____

_____

_____。

案例中天天的表现是 _____

_____

_____。

工作表单 2 如表 4-2 所示。

表 4-2

工作表单 2	养成规律大小便的好习惯	姓名		学号	
		评分人		评分	

1. 妈妈想要培养天天如厕大小便的好习惯，她是如何做的呢？结果如何？

妈妈原来打算＿＿＿＿＿＿＿＿＿＿＿＿＿＿＿＿＿＿＿＿＿，后来发生了
＿＿＿＿＿＿＿＿＿＿＿＿＿＿＿＿＿＿＿＿＿＿＿＿＿＿＿＿＿＿＿＿＿
＿＿＿＿＿＿＿＿＿＿＿＿＿＿＿＿＿＿＿＿＿＿＿＿＿＿＿＿＿＿＿＿。

妈妈的做法是＿＿＿＿＿＿＿＿＿＿＿＿＿＿＿＿＿＿＿＿＿＿＿＿＿＿＿
＿＿＿＿＿＿＿＿＿＿＿＿＿＿＿＿＿＿＿＿＿＿＿＿＿＿＿＿＿＿＿＿。

结果是＿＿＿＿＿＿＿＿＿＿＿＿＿＿＿＿＿＿＿＿＿＿＿＿＿＿＿＿＿＿
＿＿＿＿＿＿＿＿＿＿＿＿＿＿＿＿＿＿＿＿＿＿＿＿＿＿＿＿＿＿＿＿。

2. 我们要如何帮助天天养成规律大小便的良好习惯？

照护者示范＿＿＿＿＿＿＿＿＿＿＿＿＿＿＿＿＿＿＿＿＿＿＿＿＿＿＿＿。

把握二便间隔时间＿＿＿＿＿＿＿＿＿＿＿＿＿＿＿＿＿＿＿＿＿＿＿＿＿。

选择合适的便盆＿＿＿＿＿＿＿＿＿＿＿＿＿＿＿＿＿＿＿＿＿＿＿＿＿＿。

照护者要有耐心＿＿＿＿＿＿＿＿＿＿＿＿＿＿＿＿＿＿＿＿＿＿＿＿＿＿。

及时给予婴幼儿鼓励＿＿＿＿＿＿＿＿＿＿＿＿＿＿＿＿＿＿＿＿＿＿＿＿＿

工作表单 3 如表 4-3 所示。

表 4-3

工作表单 3	规律大小便的意义	姓名		学号	
		评分人		评分	

从生理和心理上两个方面来说一说，婴幼儿养成规律大小便有什么意义呢?

四个有利于:

4. 反思评价

（1）在现实生活中，很多父母认为孩子长大了自然就学会自主大小便了，你赞同这种说法吗？为什么？

（2）请对本次任务进行评价，填写表 4-4。

表 4-4

评价内容	自　　评
课堂活动参与度	☆ ☆ ☆ ☆ ☆
小组活动贡献度	☆ ☆ ☆ ☆ ☆
学习内容接受度	☆ ☆ ☆ ☆ ☆

5. 学习支持

大小便是人体的基本生理需要，照护者应掌握婴幼儿大小便的排便生理与生长发育的关系，及时培养婴幼儿养成规律大小便的习惯，有利于帮助婴幼儿建立健康的行为习惯和生活方式。

1）婴幼儿规律大小便养成的意义

有利于帮助婴幼儿建立健康的生活方式。早期进行大小便训练，有助于婴幼儿养成有规律的生活习惯。

有利于提高机体的工作效率。有规律的生活习惯可在大脑建立起条件反射，从而提高机体的工作效率。

有利于婴幼儿独立个性的发展。有规律的大小便能够培养婴幼儿自律和自我生活能力，帮助其建立自信心，有利于个性的发展。

有利于婴幼儿社会行为的发展。有规律的大小便有助于婴幼儿社会行为规范的养成，为婴幼儿适应社会和集体生活奠定基础，促进其社会性行为的发展。

2）婴幼儿大小便前的表现

婴幼儿排尿前常发出一些信号，如打尿颤、玩耍时突然发呆、睡梦中突然扭动身体等。排便前婴幼儿常表现为面部潮红、两眼直视、发出"嗯"声、身体抽动等。照护者在接收到婴幼儿发出的这些身体信号后，应及时回应，若未及时回应，将会影响婴幼儿以后信号的发送，不利于婴幼儿规律大小便的训练。

3）婴幼儿大小便规律的养成

排便生理是一种受大脑皮质控制的反射活动，婴幼儿大脑发育尚不完善，对排便中枢的控制能力较弱，所以排尿次数多，并且容易发生夜间遗尿现象。18～24 月龄的婴幼儿，生理和心理器官逐渐成熟，具备了训练大小便的基础，可以进行规律排便的训练。伴随着婴幼儿的生长发育，大小便也表现出一定的规律性。一般 18～24 月龄的婴幼儿，可以培养其坐便盆的习惯；24 月龄以上的婴幼儿，可在照护者的指导下，学会主动坐便盆；36 月龄以上婴幼儿，会自己脱下裤子坐便盆大小便，并练习自己进行便后清洁。

培养婴幼儿良好的大小便习惯的训练方法如下：

（1）结合婴幼儿喜欢模仿的特点，由照护者为婴幼儿做大小便的示范动作。

（2）根据天气的变化，把握婴幼儿大小便间隔的时间，及时提醒婴幼儿进行大小便。

（3）使用合适的便盆，并将便盆放在固定位置。不要让婴幼儿在坐盆时，边吃食物或边玩玩具边大小便。为婴幼儿准备一个合适的坐便器，注意坐便器要安全舒适和容易清洁，款式不要太复杂，否则颜色、图案和音乐很容易使婴幼儿在大小便时分心。

① 坐式坐便器。靠背使婴幼儿可以稳定地坐下，抽取式便盒便于清洁。便后应及

时清洁，注意保暖。

②跨越式坐便器。便于婴幼儿自己把握，也避免了婴幼儿未完成大小便就站起来走掉的情况。需要注意这种坐便器要求婴幼儿脱下裤子，在冬天没有暖气的地区使用既不方便，也容易着凉。

（4）引导婴幼儿逐步学习，如学会向成人表示便意，学会自己脱裤子、使用卫生纸、洗手等。只要婴幼儿有点滴进步，就要及时给予鼓励和表扬。

（5）不要反复、频繁地对婴幼儿提出大小便的要求，否则会干扰婴幼儿的情绪，容易造成婴幼儿紧张、焦躁不安、逆反心理，效果适得其反。

（6）适度延长尿布的使用时间。一般在学习使用便盆时，让婴幼儿同时使用尿布。婴幼儿适应便盆，照护者掌握规律后，逐步从白天不用尿布过渡到晚上也不用尿布。

（7）了解婴幼儿的肢体语言，如眼睛瞪大、脸涨红、用力屏气等。

大小便规律训练是一个漫长的排便反射建立的过程，应循序渐进，不可操之过急，以免造成婴幼儿紧张、焦躁不安或压抑等心理反应。

任务二　帮助月月进行便后清洁

1. 情境描述

在某托幼机构午睡室里，婴幼儿正在午睡。刚参加工作的照护者小张突然听到了2岁月月的哭声，月月把大便拉在裤子里了。小张一脸嫌弃地抱起月月，把月月的裤子脱下来，用湿纸巾从后往前给月月擦干净屁股，然后到盥洗室用清水给月月冲洗屁股。月月的屁股还湿漉漉的，小张就把干净的裤子给月月换上了。晚上，妈妈发现月月的屁股长疹子了。

问题：

（1）结合案例，小张是如何帮助月月进行便后清洁的呢？你认为她做得对的方面有哪些？不对的方面有哪些？（完成工作表单1）

（2）月月为什么会长疹子呢？作为托幼机构的照护者，小张应该如何正确为月月进行便后清洁呢？（完成工作表单2）

（3）为婴幼儿进行便后清洁，应注意哪些事项？（完成工作表单3）

2. 任务目标

（1）能说出婴幼儿便后清洁的作用。

（2）能说出大小便对皮肤的影响。

（3）能帮助婴幼儿正确实施便后清洁。

（4）能在照护中关心和爱护婴幼儿。

3. 工作表单

工作表单1如表4-5所示。

表 4–5

工作表单 1	便后清洁的正确做法	姓名		学号	
		评分人		评分	

1. 结合案例，小张是如何帮助月月进行便后清洁的呢?

_____

_____

_____

_____。

2. 你认为她做得对的方面有哪些? 不对的方面有哪些?

她做得对的方面有_____

_____

_____。

做得不对的方面有_____

_____

_____。

工作表单 2 如表 4-6 所示。

表 4-6

工作表单 2	大小便对皮肤的影响	姓名		学号	
		评分人		评分	

1. 月月为什么会长疹子呢？大小便会对皮肤产生什么刺激呢？

2. 小组讨论，作为托幼机构的照护者，小张应该如何正确为月月进行便后清洁呢？（小组展开讨论，推荐代表进行发言）

工作表单 3 如表 4-7 所示。

表 4-7

工作表单 3	便后清洁的注意事项	姓名		学号	
		评分人		评分	

为婴幼儿进行便后清洁，应注意哪些事项?

① 便后清洁使用的盆和毛巾要＿＿＿＿，避免交叉感染。

② 勿使用＿＿＿＿或者其他含有＿＿＿＿及香精的清洁用品清洗婴幼儿臀部，以免＿＿＿＿外阴黏膜和皮肤。

③ 清洗动作要＿＿＿＿，以免损伤婴幼儿皮肤。

④ 用＿＿＿＿水给婴幼儿清洗臀部，以防感冒。

⑤ 要用拧干的毛巾＿＿＿＿臀部水分。

4. 反思评价

（1）为婴幼儿进行便后清洁会让我们感到恶心，如何克服这种困难呢?

_____

_____

_____

（2）请对本次任务进行评价，填写表 4-8。

表 4-8

评价内容	自　评
课堂活动参与度	☆ ☆ ☆ ☆ ☆
小组活动贡献度	☆ ☆ ☆ ☆ ☆
学习内容接受度	☆ ☆ ☆ ☆ ☆

5. 学习支持

1）便后清洁的作用

婴幼儿的皮肤稚嫩，适应外界的能力差，易发生感染。保持婴幼儿大小便后皮肤的清洁，从生理上可促进会阴部和臀部的血液循环，维持皮肤健康，适应婴幼儿新陈代谢旺盛的特点；从心理上可使婴幼儿感觉清洁、舒适，保持良好的情绪。

2）大小便对皮肤的影响

婴幼儿会阴部或臀部的皮肤如果经常受到大小便等物质的刺激，会变得潮湿，出现软化和酸碱度变化，造成表皮角质层的保护能力下降，使皮肤的屏障作用减弱，皮肤易破损并继发感染，严重者可出现败血症。此外，皮肤潮湿还会增加摩擦力，进一步加重皮肤损伤。

3）便后清洁应注意的问题

照护者在婴幼儿小便后应帮助婴幼儿用卫生纸清洁尿道口残余尿液；大便后用卫生纸或湿纸巾帮助婴幼儿擦拭臀部，并用温水清洗，保持局部皮肤的清洁，预防泌尿系统感染；清洗时应避免使用肥皂或含乙醇的清洁用品，以免引起皮肤的干燥或残留碱性物，清洗后及时用毛巾擦干臀部需涂护臀霜等润肤品，保持皮肤湿润，让婴幼儿自然舒适；给女性婴幼儿擦洗外阴部要注意从前往后擦，由会阴向肛门擦洗，以防肛门细菌进入女婴阴道。

任务三　帮助西西更换纸尿裤

1. 情境描述

西西妈妈趁着超市纸尿裤促销囤了好几包纸尿裤，可是还没用完就发现纸尿裤对西西来说有点小了。后来西西妈妈在购买时，就选择了尺寸大一号的纸尿裤，这样单个纸尿裤可以用更长时间，可以减少更换纸尿裤的次数，而且可节省一部分钱。有时候西西妈妈还几个小时都不给西西更换纸尿裤，西西可能都已经尿了两三次了。西西妈妈给西西更换纸尿裤的时候，发现西西的小屁股上起了不少疹子，这时西西妈妈就用皮炎平、氟轻松等药膏给她涂抹。

问题：

（1）结合案例，说说西西妈妈是怎样给西西选择纸尿裤的？应该如何正确选择纸尿裤？（完成工作表单1）

（2）案例中西西妈妈是如何给西西更换纸尿裤的？为婴幼儿更换纸尿裤要注意哪些事项？（完成工作表单2）

（3）婴幼儿发生尿布疹的原因有哪些呢？西西妈妈是如何处理西西的疹子问题的？如何正确处理尿布疹？（完成工作表单3）

2. 任务目标

（1）能正确选择纸尿裤。

（2）能正确更换纸尿裤。

（3）能正确处理尿布疹。

（4）在照护中关心和爱护婴幼儿。

3. 工作表单

工作表单 1 如表 4-9 所示。

表 4-9

工作表单 1	正确选择纸尿裤	姓名		学号	
		评分人		评分	

1. 结合案例，说说西西妈妈是怎样给西西选择纸尿裤的？

西西妈妈给西西换纸尿裤的方法是_____

_____。

原因是_____

_____。

2. 应该如何正确选择纸尿裤？

（1）看一看_____。

（2）比较厚度_____。

（3）比较透气性_____。

（4）查看有无尿湿显示_____。

（5）闻一闻_____。

（6）比较吸水性_____。

（7）比较柔软性_____。

（8）是否有防漏设计_____。

工作表单 2 如表 4-10 所示。

表 4-10

工作表单 2	为婴幼儿正确更换纸尿裤	姓名		学号	
		评分人		评分	

1. 案例中西西妈妈是如何给西西更换纸尿裤的？应该如何更换呢？

妈妈的做法是_____。

_____。

_____。

正确的做法应该是_____。

_____。

_____。

2. 为婴幼儿更换纸尿裤应注意哪些事项？

① 动作熟练_____。

② 动作轻柔_____。

③ 室内温度_____。

④ 看清前后方向_____。

⑤ 经常更换纸尿裤_____。

工作表单3如表4-11所示。

表4-11

工作表单3	婴幼儿尿布疹的处理	姓名		学号	
		评分人		评分	

1. 婴幼儿发生尿布疹的原因有哪些呢？

2. 西西妈妈如何处理西西的疹子问题的？如何正确处理尿布疹？

4. 反思评价

（1）你认为该如何给婴幼儿更换纸尿裤呢？更换纸尿裤应注意哪些事项？

（2）请对本次任务进行评价，填写表 4-12。

表 4-12

评价内容	自 评
课堂活动参与度	☆ ☆ ☆ ☆ ☆
小组活动贡献度	☆ ☆ ☆ ☆ ☆
学习内容接受度	☆ ☆ ☆ ☆ ☆

5. 学习支持

1）正确处理尿布疹

尿布疹多见于初生至 1 岁的婴幼儿。尿液或大便内的毒素经过细菌消化产生腐蚀性物质，会使婴幼儿娇嫩的表皮受损害，从而被细菌所感染，形成尿布疹。粪便引起的尿布疹发生时，皮肤会红一整片，像烧坏了一样。处理时，需要将保护皮肤的药膏或尿布疹药膏涂抹在患处。细菌引起的尿布疹发生时，皮肤会变红、破损，有细小的溃疡。由霉菌和细菌引起的尿布疹需要经医生检查后开具含有抗生素或抗癣的药物进行治疗。

（1）发生尿布疹的原因。

发生尿布疹的主要原因有：①纸尿裤更换不勤，尿液对臀部皮肤产生刺激；②婴幼儿的大便稀、量多，便后不清洗；③臀部潮湿，潮湿的环境使局部皮肤的抵抗力下降而发生红臀；④纸尿裤粗糙且吸水性差；⑤婴幼儿自身体质娇嫩；⑥纸尿裤引发的过敏。

（2）护理

臀部日光浴，充分暴露婴幼儿的小屁股在适宜强度的日光下晒 10～20 分钟，每日 2～3 次。若皮肤有潮红、轻中度糜烂情况可涂抹芝麻油，也可涂抹含有 0.5％新霉素的炉甘石搽剂或护臀霜。若皮肤糜烂，甚至溃疡，溃烂有脓疱，则表明婴幼儿已感染，应选用抗生素软膏涂抹局部。

婴幼儿若有发热、精神不好等现象应立即到医院儿科就诊。

2）正确选择纸尿裤

（1）看一看。

查看包装上的标识是否规范。查看是否有标准号、执行卫生标准号、生产许可证号等，同时也要注意纸尿裤的大小型号、生产日期和保质期，保证纸尿裤安全、适用。

（2）比较厚度。

对婴幼儿来说，越厚的产品其舒适性会越低，也会影响纸尿裤的透气性，还有可能引起皮肤过敏、湿疹等症状。较薄的产品大都含有较多吸水树脂，而较厚的产品则含有较多绒毛浆。因此，要尽可能选择较薄的纸尿裤。

（3）比较透气性。

纸尿裤透气性越好越不容易引发婴幼儿红屁股、尿布疹等症状。质量好的纸尿裤既透气又不会使尿液外渗，做到这一点除了设计上要有良好的剪裁外，纸尿裤材料的选用和构成也很重要。目前大部分品牌的纸尿裤表层都是以无纺布为主要原料，加上一层 PE 膜以防止漏尿，其中无纺布的质量决定了纸尿裤透气性的好坏。因此，在选用产品时要将无纺布的质量作为重要指标。

（4）查看有无尿湿显示。

现在许多纸尿裤会设计有一条或者两条尿显线，中间加入了一种一遇到尿液便会变色的化学物质，这种物质对婴幼儿的皮肤是无刺激的。只要婴幼儿尿了，纸尿裤的尿显线就会变色，这样可以监控婴幼儿尿尿的情况，让照护者能及时知道是否应该更换纸尿裤了。所以要尽可能选择有尿显线的纸尿裤。

（5）闻一闻。

纸尿裤在生产过程中使用了多种原料和辅助材料，如胶粘剂、纸浆、弹性线等。如果气味不佳甚至有刺激性气味，说明该产品是使用了劣质材料。所以一定要购买没有刺激性气味的纸尿裤。

（6）比较吸水性。

吸水性好的纸尿裤能较好地保证婴幼儿屁股的干爽，防止红屁股、湿疹等情况发生。因此应尽可能选择吸水性强的纸尿裤。

（7）比较柔软性。

越柔软的纸尿裤对婴幼儿的皮肤伤害越小，同时所用材质也越好。外层为纸布膜类的产品，触感舒适、柔滑。外层为塑料膜的触感较差，软硬度明显不及纸布膜类产品。内层无纺布的用料同样关系到纸尿裤的柔软性，可从手感和软硬度来判断。在产品选用时，一定要仔细甄别，尽量选择柔软性好的产品。

（8）是否有防漏设计。

随着婴幼儿一天天长大，活动量也随之增多，如果纸尿裤设计不合理，很可能在活动中发生外漏、侧漏，而选择具有防漏设计的纸尿裤，就可以防止婴幼儿的排泄物渗出。

3）正确更换纸尿裤

（1）准备。

①照护者的准备：着装整齐，洗净双手。②婴幼儿：是否需要更换纸尿裤。③环境：干净、整洁、安全、温湿度适宜。④物品：操作台、纸尿裤、盆、毛巾、护臀霜、棉签、纸巾。

（2）步骤。

观察情况：观察婴幼儿情况，决定是否需要更换纸尿裤，如需要更换，选择合适的纸尿裤。

更换纸尿裤：①解开尿不湿。让婴幼儿平躺在床上，将隔尿的床垫垫在婴幼儿身下，解开纸尿裤的无胶腰贴，拿掉纸尿裤。注意拉开腰贴的时候，直接贴在纸尿裤上，以防损伤婴幼儿皮肤。②清洁臀部。将婴幼儿双脚向上抬高固定好，并用湿纸巾或者软毛巾擦拭，如果婴幼儿只是尿湿了，直接换条纸尿裤即可。如果婴幼儿大便，应当先用湿纸巾或软毛巾将大便擦去，再用温水将婴幼儿的臀部清洗干净并擦干，用温水洗净婴幼儿的大腿部。对于女婴，清洁臀部时，要从阴部抹向肛门，以防肠道细菌侵入阴道或膀胱，引起感染。③擦干臀部，涂抹护臀霜。用毛巾擦干，在皮肤的皱褶处，抹上爽身粉和护臀膏。④换上纸尿裤。把干净的纸尿裤有胶带的那一头垫在婴幼儿的臀部下方，背后的上面要齐腰包裹好。对于男婴，包裹纸尿裤时用手轻轻往下按住他的阴茎，防止尿液向上渗到脐部。裹纸尿裤时，要确保尿布尽量贴住婴幼儿的双腿，还要注意千万不要把尿布盖住婴幼儿的脐部，因为尿布被尿湿后，会使婴幼儿的脐部潮湿，引发炎症。⑤包上后，将双侧胶带粘于纸尿裤不光滑面。照护者用手指放入纸尿裤间，测试纸尿裤是否太紧或太松。⑥若婴幼儿脐带尚未脱落，为避免纸尿裤摩擦脐部，可将纸尿裤上缘向内折，以便露出脐部。⑦扯平衣服，盖好被褥。

（3）注意事项。

①动作熟练，保持操作连续性，减少操作时间，预防婴幼儿感冒。②动作轻柔，保护婴幼儿，避免不必要的伤害。③注意室内温度。④垫纸尿裤时，要看清前后方向。⑤经常更换纸尿裤，以免引起尿布疹。

任务四　观察慧慧的大小便

1. 情境描述

在某托幼机构中，几个小朋友正在一起扮演妈妈喂宝宝吃饭的游戏。2 岁半的慧慧突然说肚子疼，要大便。王老师赶紧带着慧慧到了卫生间去大便，王老师发现慧慧拉肚子了，大便根本不成形，不知道是因为吃什么东西导致的，这是慧慧一天内第四次出现这种情况。王老师想起班级的柜子里还有别的小朋友带来的治疗拉肚子的药还没有吃完，她准备给慧慧吃一些这个药，等到放学的时候再跟慧慧的家人说她拉肚子的事情。

问题：

（1）结合案例，思考慧慧发生了什么状况？王老师是如何发发现的？婴幼儿异常大小便会有什么表现？（完成工作表单 1）

（2）婴幼儿正常大小便有什么特点？作为托幼照护者，如何通过观察婴幼儿大小便发现问题呢？（完成工作表单 2）

（3）王老师处理慧慧拉肚子问题的做法哪些方面不合理，你对此有什么好的建议吗？（完成工作表单 3）

2. 任务目标

（1）能正确观察婴幼儿大小便。

（2）能说出婴幼儿大小便异常的表现及大小便的特点。

（3）能在照护中关心和爱护婴幼儿。

3. 工作表单

工作表单 1 如表 4-13 所示。

表 4-13

工作表单 1	婴幼儿大小便异常的特点	姓名		学号	
		评分人		评分	

1. 结合案例，思考慧慧发生了什么状况？

2. 王老师是如何发现慧慧的状况的？婴幼儿异常大小便会有什么表现？

王老师通过_____

_____

_____发现慧慧的异常。

（1）小便异常的表现：

（2）大便异常的表现：

工作表单 2 如表 4-14 所示。

表 4-14

工作表单 2	婴幼儿正常大小便的特点	姓名		学号	
		评分人		评分	

1. 婴幼儿正常大小便有什么特点？

婴幼儿正常小便及特点：

排尿次数_____，尿量_____，颜色_____。

婴幼儿正常大便的表现及特点：

排便次数_____，大便颜色_____。

2. 作为托幼照护者，如何通过观察婴幼儿大小便发现问题呢？

工作表单 3 如表 4-15 所示。

表 4-15

| 工作表单 3 | 请给王老师合理的建议 | 姓名 | | 学号 | |
| | | 评分人 | | 评分 | |

王老师处理慧慧拉肚子问题的做法哪些方面不合理？你对此有什么好的建议吗？

王老师处理慧慧拉肚子的问题的做法不合理之处：

_____

_____

_____。

你觉得可以这样做：

_____

_____

_____。

4. 反思评价

（1）假如你现在是一岁婴幼儿的照护者，你会如何处理婴幼儿大小便异常的情况呢?

_____

_____

_____

（2）请对本次任务进行评价，填写表 4-16。

表 4-16

评价内容	自　评
课堂活动参与度	☆ ☆ ☆ ☆ ☆
小组活动贡献度	☆ ☆ ☆ ☆ ☆
学习内容接受度	☆ ☆ ☆ ☆ ☆

5. 学习支持

排泄是机体将新陈代谢过程中产生的终产物排出体外的生理过程，是人体的基本生理需要之一。人体排泄体内的终产物的途径有皮肤、呼吸道、消化道及泌尿道，其中消化道和泌尿道是主要的排泄途径。婴幼儿大小便的异常情况，常预示着某些疾病的发生，照护者应尽早识别并干预，促进婴幼儿的身心健康和生长发育。

1）正常大小便的表现

（1）排尿及尿液特点。

排尿次数：12 月龄时为每日 15~16 次，随着年龄增长，每日排尿次数逐渐减少，到 36 月龄为每日 6~7 次。

尿量：婴幼儿时期尿量的个体差异较大，婴幼儿的正常尿量为 500～600mL/ 日。

颜色：婴幼儿正常的尿液淡黄透明，但在寒冷季节放置后可有盐类结晶析出而变浑浊。

（2）排便及粪便特点。

婴幼儿时期在添加谷物类、蛋、肉、蔬菜等辅食后，粪便形状逐渐接近成年人，每日排便 1～3 次，为棕黄色或黄褐色的成形软便。

2）异常大小便的表现

（1）小便异常的表现。

排尿异常的表现如下。

少尿、无尿：婴幼儿每日尿量＜ 200mL 时为少尿，每日尿量＜ 50mL 时为无尿。少尿、无尿常见于心脏、肾脏功能衰竭等疾病，应及时就医。

多尿：多由饮水过多引起的，若发现长期尿量增多，伴有多饮、多食、体重减轻等情况，应去医院检查，常见于儿童糖尿病、尿崩症等。

膀胱刺激征：主要表现为尿频、尿急、尿痛，常由膀胱及尿道感染和机械性刺激所致，常见于泌尿系统的结石、感染等疾病。

尿潴留：指尿液存留在膀胱内而不能自主排出，常表现为下腹部胀痛、排尿困难。常见于膀胱颈或尿道有梗阻，脊髓初级中枢活动障碍或受到抑制，不能形成排尿反射。

尿液异常的表现如下。

血尿：即尿液中含有红细胞。血尿颜色的深浅与尿液中所含红细胞的多少有关，尿液中含有红细胞较多时呈现洗肉水色。常见于肾炎、泌尿系统结石、炎症、肿瘤等疾病。

脓尿：是指尿液中含有大量的脓细胞，表现为尿液浑浊，提示泌尿系统感染。

蛋白尿：正常婴幼儿尿中含微量蛋白，定性测试为阴性。若持续出现蛋白尿，表现尿液泡沫过多，应及时去医院就诊，常见于急性肾小球肾炎、肾病综合征等肾脏器官性疾病。

乳糜尿：尿液呈乳白色，常见于胸导管炎症、丝虫病等疾病。

（2）大便异常的表现。

排便异常的表现如下。

便秘：正常的排便形态发生改变，排便次数减少，排出过干过硬的粪便，且排便不畅、困难。常与婴幼儿饮食、饮水量不足，排便时间或活动受到抑制有关。不要擅自给婴幼儿用缓泻药，应及时就医。

腹泻：正常排便形态发生改变，频繁排出松散稀薄的粪便甚至水样便，常由饮食不当、肠道感染等所致。若出现腹泻次数多、量大、精神差等表现，应立即就医，不要擅自给婴幼儿用止泻剂。

四、模块测试

（一）理论知识部分

1. 单选题

（1）为避免婴幼儿出现红臀，以下护理不当的是（   ）。

    A. 选用质地柔软的纸尿裤   B. 勤换尿布

    B. 用婴幼儿沐浴液清洗臀部   D. 保持皮肤干燥

（2）培养二便习惯要（   ）。

    A. 抓准间隔时间提前提醒   B. 以家长的威严制服婴幼儿

    C. 用食物逗引婴幼儿   D. 提早训练

（3）下列不是婴幼儿生理性腹泻特点的是（   ）。

    A. 大便次数增多   B. 体重、身高发育正常

    C. 婴幼儿食欲比较好   D. 大便常规化验发现白细胞或者脓细胞

（4）指导婴幼儿便后清洁应该评估婴幼儿的（   ）。

    A. 心理状态   B. 如厕习惯   C. 如厕意愿   D. 以上都是

（5）婴幼儿便后清洁的培养，照护者应具有的素质不包括（   ）。

    A. 耐心   B. 多鼓励、及时表扬

    C. 错后立即批评指正   D. 培养婴幼儿独立意识

（6）预防红臀发生最主要的方法是（   ）。

    A. 多扑粉   B. 臀部涂抹护臀霜

    C. 保持臀部清洁干燥   D. 穿开裆裤

（7）良好的如厕习惯不包括（   ）。

    A. 养成每日定时排便的习惯   B. 保持肛门清洁

    C. 日常饮食中多选用清淡的食物   D. 便后不用洗手

（8）婴幼儿纸尿裤一般需要（　　）更换一次。

A. 1 个小时　　　B. 2～3 个小时　　C. 4 个小时　　　D. 5 个小时

（9）婴幼儿遗尿的影响因素不包括（　　）。

A. 婴幼儿泌尿系统生理特点　　　　B. 饮食与气候

B. 婴幼儿精神心理状况　　　　　　D. 按时入睡

（10）指导便后清洁注意事项不包括（　　）。

A. 清洁过程中动作温柔、避免伤害　B. 指导过程耐心、温柔

B. 保护孩子的自尊心和隐私　　　　D. 独自完成，父母不应该参与

（11）婴幼儿每日排尿次数为（　　）。

A. 20～25 次　　　B. 15～20 次　　C. 10～15 次　　D. 2～5 次

（12）关于婴幼儿如厕便盆表述不恰当的是（　　）。

A. 颜色鲜艳图案花哨以吸引婴幼儿注意力

B. 高度适中

B. 大小合适

D. 以安全、舒适为宜

（13）婴幼儿如厕训练的最佳时机是（　　）。

A. 0～1 岁　　　B. 1～3 岁　　　C. 3～4 岁　　　D. 4～5 岁

2. 判断题

（1）湿疹的主要表现是瘙痒，形态有破损、溃烂红肿等多种。（　　　）

（2）当婴幼儿成功控制尿意时，妈妈不要吝啬称赞。（　　　）

（3）每当婴幼儿不能自己控制大便时，应及时训斥。（　　　）

（4）成功训练婴幼儿如厕需要耐心。（　　　）

（5）发现婴幼儿有要大小便的表示，让其先行憋住，再训练其排便。（　　　）

（6）选择陌生环境有利于训练婴幼儿如厕。（　　　）

3.简答题

（1）婴幼儿养成规律大小便有什么意义？

（2）大小便对皮肤有什么影响？

（3）发生尿布疹的原因有哪些？

（二）技能操作部分

1.大小便规律养成的实施条件。

大小便规律养成的实施条件如表 4-17 所示。

表 4-17

名称	实施条件	要求
实施环境	（1）模拟房间；（2）多媒体示教室；（3）无线网络	干净、整洁、安全、光线适宜，实时在线学习、在线考核
设施设备	（1）椅子；（2）操作台；（3）坐盆；（4）婴幼儿仿真模型；（5）洗手设备	设施完好，用物备齐，模型功能良好
物品准备	（1）记录本；（2）消毒剂；（3）便盆；（4）卫生纸；（5）小毛巾	工作服、帽子、口罩、发网、挂表（照护者自备）
人员准备	照护者具备婴幼儿大小便规律养成的相关知识	照护者着装整齐，洗手，剪指甲

2.纸尿裤更换实施条件

纸尿裤更换实施条件如表 4-18 所示。

表 4-18

名称	实施条件	要求
实施环境	（1）模拟房间；（2）多媒体示教室；（3）无线网络	干净、整洁、安全、光线适宜，实时在线学习、在线考核

（续表）

名称	实施条件	要求
设施设备	（1）操作台；（2）婴幼儿仿真模型	设施完好，用物备齐，模型功能良好
物品准备	（1）记录本；（2）纸尿裤；（3）消毒剂；（4）卫生纸；（5）小毛巾	工作服、帽子、口罩、发网、挂表（照护者自备）
人员准备	照护者具备给婴幼儿更换纸尿裤的相关知识和操作技能	照护者着装整齐，洗手，剪指甲

3. 纸尿裤更换实施考核标准

该项操作的评分标准包含评估、计划、实施、评价四个方面的内容，总分为100分。测试时间15分钟，其中环境和用物准备5分钟，操作10分钟。纸尿裤更换实施考核标准如表4-19所示。

表4-19

考核内容		考核点	分值	评分要求	扣分	得分	备注
评估（15分）	婴幼儿	评估婴幼儿是否需要更换纸尿裤	6	未评估扣6分，不完整扣2~4分			
	环境	评估环境是否干净、整洁、光线良好、温/湿度适宜	3	未评估扣3分，不完整扣1~2分			
	照护者	着装整齐，洗手	3	未洗手扣3分，着装不规范扣1~3分			
	物品	物品准备齐全（记录本、毛巾、纸尿裤、纸巾、消毒剂）	3	少一个扣0.5分，扣完3分为止			
计划（5分）	预期目标	选择合适的纸尿裤，能正确帮助婴幼儿更换纸尿裤	5	选择不合适的纸尿裤扣5分，口述不正确扣1~4分			

（续表）

考核内容		考核点	分值	评分要求	扣分	得分	备注
实施 （60分）	给婴幼 儿更换 纸尿裤 （50分）	1.解开纸尿裤。让婴幼儿平躺在床上，将隔尿的床垫垫在婴幼儿身下，解开纸尿裤的无胶腰贴，拿掉纸尿裤。注意拉开腰贴的时候，直接贴在纸尿裤上，以防损伤婴幼儿皮肤	5	解开方式不正确扣2～5分			
		2.清洁臀部。将婴幼儿双脚向上抬高固定好，并用湿纸巾或者软毛巾擦拭，如果婴幼儿只是尿湿了，直接换条纸尿裤即可。如果婴幼儿大便，应当先用湿纸巾或软毛巾将大便擦去，再用温水将婴幼儿的臀部清洗干净并擦干，用温水洗净婴幼儿的大腿部。对于女婴，清洁臀部时，要从阴部抹向肛门，以防肠道细菌侵入阴道或膀胱，引起感染	10	未清洁扣10分，清洁不到位或者清洁方式不正确扣2～10分			
		3.擦干臀部，涂抹护臀霜。用毛巾擦干，在皮肤的皱褶处抹上爽身粉和护臀膏	5	未擦干臀部扣5分，未涂抹护臀霜扣2分			
		4.换上纸尿裤。把干净的纸尿裤有胶带的那一头垫在婴幼儿的臀部下方，背后的上面要齐腰包裹好。对于男婴，包裹纸尿裤时用手轻轻往下按住他的阴茎，防止尿液向上渗到脐部。裹纸尿裤时，要确保尿布尽量贴住婴幼儿的双腿，还要注意千万不要把尿布盖住婴幼儿的脐部，因为尿布尿湿后，会使婴幼儿的脐部潮湿，引发炎症	12	未正确更换纸尿裤扣12分，更换不正确扣1～12分			

（续表）

考核内容		考核点	分值	评分要求	扣分	得分	备注
实施（60分）	给婴幼儿更换纸尿裤	5. 包上后，将双侧胶带粘于纸尿裤不光滑面。照护者用手指放入纸尿裤间，测试纸尿裤是否太紧或太松	8	未测试扣8分，测试不到位扣1~7分			
		6. 若婴幼儿脐带尚未脱落，为避免纸尿裤摩擦脐部，可将纸尿裤上缘向内折，以便露出脐部	8	未露出肚脐扣8分			
		7. 扯平衣服，盖好被褥	2	未指导扣2分，指导不到位扣1~2分			
	整理记录	1. 整理用物	4	未整理扣4分，整理不到位扣1~3分			
		2. 洗手	4	未洗手扣4分，洗手不到位扣1~3分			
		3. 记录	2	未记录扣2分，记录不规范扣1~2分			
评价（20分）		1. 操作熟练，程序清晰，规定时间内做完	5				
		2. 操作过程中言语轻柔，能与婴幼儿有效沟通	5				
		3. 具有高度的责任心，细心耐心指导	5				
		4. 关心关爱婴幼儿	5				
总分			100				

模块五　婴幼儿盥洗照料

一、模块概述

　　婴幼儿的盥洗活动包括洗手、漱口、洗脸、沐浴、刷牙、梳头等，它是婴幼儿一日生活的主要内容之一。婴幼儿饭前饭后、便前便后、喝水前、运动后、游戏后、吃水果前、手脏时都需要洗手；每次吃完餐点都要漱口；午睡起床需要洗脸、梳头等。

　　良好的盥洗习惯是保障婴幼儿身体健康的第一道防线，独立盥洗的能力是婴幼儿生活必备的能力。婴幼儿时期是行为养成的关键期，这一时期的婴幼儿虽然年龄小，但是可塑性强，易于培养一些好习惯。为使婴幼儿养成良好的盥洗习惯，照护者可采用婴幼儿能理解并易于接受的多种形式，使婴幼儿懂得盥洗与身体健康的关系。本模块重点学习婴幼儿漱口及刷牙、洗脸及擦香、沐浴、修剪指甲4个盥洗环节照料的方法与相关技能。

二、知识点与技能点

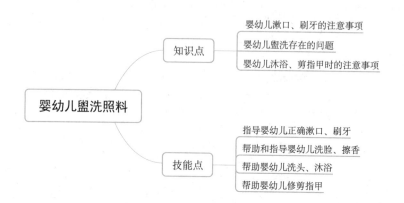

三、工作任务

任务一　刷牙、漱口的正确方式

1. 情境描述

在某托幼机构，两岁半的芳芳漱口时常常将漱口水咽入肚中，李老师告诉她不要咽下去，要吐出来。芳芳喝了一口水，含了几秒钟之后就直接把水吐出来。月月在刷牙的时候，将牙刷放进嘴里随便刷几秒钟就结束了。李老师说她刷牙太快了，月月说不喜欢牙膏的味道。2 岁半的明明吃完饭后没有漱口，直接进睡房准备午睡。李老师问他为什么不漱口，明明不高兴地说漱口太麻烦了。

问题：

（1）结合案例，说一说芳芳、月月、明明他们分别遇到了什么问题。为什么婴幼儿要进行刷牙和漱口活动呢？（完成工作表单 1）

（2）导致婴幼儿出现这些问题的原因有哪些？如果你是李老师，你打算如何做呢？（完成工作表单 2）

（3）结合案例，作为照护者，我们应该如何指导婴幼儿漱口？如何指导婴幼儿刷牙？（完成工作表单 3）

2. 任务目标

（1）能说出婴幼儿漱口及刷牙的意义。

（2）能说出婴幼儿漱口及刷牙存在的主要问题。

（3）能帮助和指导婴幼儿正确漱口和刷牙。

（4）能在照护过程中关心和爱护婴幼儿。

3. 工作表单

工作表单 1 如表 5-1 所示。

表 5-1

工作表单 1	婴幼儿刷牙和漱口的问题与意义	姓名		学号	
		评分人		评分	

1. 结合案例，说一说芳芳、月月、明明他们分别遇到了什么问题。

芳芳遇到的问题是_____

_____。

月月遇到的问题是_____

_____。

明明遇到的问题是_____

_____。

2. 为什么要进行漱口和刷牙呢？

漱口的意义在于_____

_____。

刷牙的意义在于_____

_____。

工作表单 2 如表 5-2 所示。

表 5-2

| 工作表单 2 | 出现问题的原因分析与纠正 | 姓名 | | 学号 | |
| | | 评分人 | | 评分 | |

1. 导致婴幼儿出现这些问题的原因有哪些?

年龄小:

生活习惯尚未养成:

2. 如果你是李老师,你打算如何做呢?

工作表单 3 如表 5-3 所示。

表 5-3

工作表单 3	婴幼儿漱口和刷牙指导	姓名		学号	
		评分人		评分	

1. 结合案例，作为照护者，我们应该如何指导婴幼儿漱口？

2. 我们应该如何指导婴幼儿刷牙？

4. 反思评价

（1）查询相关资料，说一说如何帮助婴幼儿选择口腔清洁用具。

（2）请对本次任务进行评价，填写表5-4。

表5-4

评价内容	自　　评
课堂活动参与度	☆ ☆ ☆ ☆ ☆
小组活动贡献度	☆ ☆ ☆ ☆ ☆
学习内容接受度	☆ ☆ ☆ ☆ ☆

5. 学习支持

　　正常情况下，口腔内经常存有致病性和非致病性微生物，个体处于健康状态时，机体具有一定的抵抗能力，且通过日常漱口、刷牙等活动可达到减少或清除致病菌的目的。

1）漱口

　　婴幼儿漱口的意义：漱口是一种保持口腔清洁最简便易行的方法。餐后漱口是一种良好的生活习惯，可去除口腔内的食物残渣，有效预防牙周炎、龋齿。婴幼儿在2岁左右便可以开始学习漱口，照护者先示范，让婴幼儿边学边做，逐步熟练。

　　婴幼儿漱口存在的主要问题：婴幼儿年龄小，腮部肌肉的活动能力差，不能灵活控制水在口腔中的冲洗动作，漱口时容易把漱口水咽下去，因此照护者要给婴幼儿提供温开水漱口；另外，由于婴幼儿没有掌握正确的漱口技巧，水在口腔内没有反复冲洗便吐了出来，起不到清洁口腔的作用，因此照护者应对婴幼儿漱口进行有效指导，并鼓励婴幼儿坚持餐后漱口。

2）刷牙

婴幼儿刷牙的意义：乳牙一般持续 6～10 年时间，如果不注意乳牙的护理，易发生龋齿，影响婴幼儿咀嚼进食，进而影响消化吸收和生长发育，而且还可能诱发牙髓炎、牙周脓肿等并发症。龋齿是乳牙过早丢失的主要原因，因乳牙过早丢失，使恒牙萌出异常，还会影响婴幼儿的发音和容貌。刷牙可以清除婴幼儿口腔中的食物残渣，有效减少牙齿表面与牙齿边缘的牙菌斑，还能按摩牙龈，有助于减少口腔中的致病性微生物，维护牙齿和牙周组织健康。牙菌斑在清除数小时后，会重新形成并附着在清洁的牙面，特别是夜间入睡唾液分泌减少了，口腔自洁能力差，细菌更容易生长。因此，婴幼儿要养成睡前刷牙的好习惯。

婴幼儿刷牙存在的主要问题：一是刷牙时间不够，每次刷牙时间没有达到 2～3 分钟；二是刷牙次数不够，没有做到每天早晚各一次；三是刷牙方法不正确，大多婴幼儿采用横刷法，即左右方向拉锯式刷牙，这种方法会损害牙体与牙周组织；四是婴幼儿不愿意使用牙膏，部分婴幼儿初学刷牙时，不喜欢牙膏的气味，不愿意将牙膏放入口中；五是出现吞咽牙膏水的现象。

任务二　帮助乐乐洗脸、擦香

1. 情境描述

乐乐快两岁了，平时最不喜欢洗脸，妈妈帮乐乐洗脸的时候，乐乐总是把脸扭向一边，或左躲右闪，妈妈只好用湿毛巾给乐乐擦脸。夏天的时候还好，现在快到冬天了，乐乐越来越不喜欢擦脸，每次出去玩之后小脸冻得通红，甚至有点冻伤。妈妈觉得孩子的脸比较娇嫩，需要给乐乐购买儿童护肤霜，保护好孩子的皮肤。奶奶说那样太浪费了，小孩子不需要单独购买润肤霜，抹点成人用的就行。

问题：

（1）妈妈是如何给乐乐洗脸的？乐乐的皮肤出现了什么问题？妈妈和奶奶分别有什么看法？（完成工作表单1）

（2）婴幼儿洗脸、擦香一般存在哪些问题？作为照护者，应如何帮助乐乐正确洗脸、擦香？（完成工作表单2）

（3）婴幼儿的皮肤有什么特点？需要成人如何进行照料？（完成工作表单3）

2. 任务目标

（1）能说出婴幼儿洗脸、擦香的意义。

（2）能说出婴幼儿洗脸、擦香存在的问题。

（3）能说出婴幼儿皮肤的特点及保养方法。

（4）能正确指导婴幼儿洗脸、擦香。

（5）能在照护过程中关心和爱护婴幼儿。

3. 工作表单

工作表单1如表5-5所示。

表 5–5

工作表单 1	案例中的问题分析	姓名		学号	
		评分人		评分	

1. 妈妈是如何给乐乐洗脸的?

妈妈的做法是＿＿＿＿＿＿＿＿＿＿＿＿＿＿＿＿＿＿＿＿＿＿＿＿＿＿＿＿＿＿＿＿

＿＿＿＿＿＿＿＿＿＿＿＿＿＿＿＿＿＿＿＿＿＿＿＿＿＿＿＿＿＿＿＿＿＿＿＿＿。

2. 乐乐的皮肤出现什么问题?

乐乐的皮肤出现的问题是＿＿＿＿＿＿＿＿＿＿＿＿＿＿＿＿＿＿＿＿＿＿＿＿＿＿

＿＿＿＿＿＿＿＿＿＿＿＿＿＿＿＿＿＿＿＿＿＿＿＿＿＿＿＿＿＿＿＿＿＿＿＿＿＿

＿＿＿＿＿＿＿＿＿＿＿＿＿＿＿＿＿＿＿＿＿＿＿＿＿＿＿＿＿＿＿＿＿＿＿＿＿。

3. 妈妈和奶奶分别有什么看法?
妈妈认为＿＿＿＿＿＿＿＿＿＿＿＿＿＿＿＿＿＿＿＿＿＿＿＿＿＿＿＿＿＿＿＿＿＿

＿＿＿＿＿＿＿＿＿＿＿＿＿＿＿＿＿＿＿＿＿＿＿＿＿＿＿＿＿＿＿＿＿＿＿＿＿。

奶奶认为＿＿＿＿＿＿＿＿＿＿＿＿＿＿＿＿＿＿＿＿＿＿＿＿＿＿＿＿＿＿＿＿＿＿

＿＿＿＿＿＿＿＿＿＿＿＿＿＿＿＿＿＿＿＿＿＿＿＿＿＿＿＿＿＿＿＿＿＿＿＿＿。

工作表单2如表5-6所示。

表5-6

工作表单 2	婴幼儿洗脸、擦香的问题与指导	姓名		学号	
		评分人		评分	

1. 婴幼儿洗脸、擦香一般存在哪些问题?

婴幼儿洗脸存在的问题:＿＿＿＿＿＿＿＿＿＿＿＿＿＿＿＿＿＿＿＿＿＿

＿＿＿＿＿＿＿＿＿＿＿＿＿＿＿＿＿＿＿＿＿＿＿＿＿＿＿＿＿＿＿＿＿＿

＿＿＿＿＿＿＿＿＿＿＿＿＿＿＿＿＿＿＿＿＿＿＿＿＿＿＿＿＿＿＿＿＿。

婴幼儿擦香存在的问题:＿＿＿＿＿＿＿＿＿＿＿＿＿＿＿＿＿＿＿＿＿＿

＿＿＿＿＿＿＿＿＿＿＿＿＿＿＿＿＿＿＿＿＿＿＿＿＿＿＿＿＿＿＿＿＿＿

＿＿＿＿＿＿＿＿＿＿＿＿＿＿＿＿＿＿＿＿＿＿＿＿＿＿＿＿＿＿＿＿＿。

2. 作为照护者,如何帮助乐乐正确洗脸、擦香呢?

工作表单 3 如表 5-7 所示。

表 5-7

工作表单 3	婴幼儿皮肤的特点与保养指导	姓名		学号	
		评分人		评分	

1. 婴幼儿的皮肤有什么特点?

2. 成人应如何对婴幼儿的皮肤进行保养呢?

4. 反思评价

（1）在日常生活中，有些婴幼儿不愿意洗脸，你有什么好办法？

_____

_____

_____

（2）请对本次任务进行评价，填写表 5-8。

表 5-8

评价内容	自　　评
课堂活动参与度	☆ ☆ ☆ ☆ ☆
小组活动贡献度	☆ ☆ ☆ ☆ ☆
学习内容接受度	☆ ☆ ☆ ☆ ☆

5. 学习支持

婴幼儿皮肤娇嫩，皮肤角质层较薄，皮肤缺乏弹性，防御外力的能力较差，当受到轻微的外力就会发生损伤，皮肤损伤后又容易感染。因此，婴幼儿的衣着、鞋袜等要得当，避免损伤皮肤。浴后涂抹天然无刺激的润肤膏，可以增强婴幼儿皮肤的屏障保护能力，减小表面摩擦。

婴幼儿的皮肤薄、血管丰富、有较强的吸收和通透能力。因此，不可随意给婴幼儿使用药膏，尤其是含有激素类的药膏；必须使用时，待病情缓解后就应停用，决不可长期使用。给婴幼儿洗澡时，要使用刺激性小的婴幼儿专用沐浴清洗剂，不可使用成人用的香皂或药皂等。

婴幼儿年龄小，生活自理能力较弱，还没有洗脸、擦香的意识，照护者要给婴幼儿创设宽松愉悦的漱洗环境，引导婴幼儿在游戏中学习正确洗脸及擦香的方法。

1）婴幼儿洗脸、擦香的意义

洗脸可以清除脸部表面的微生物和污垢，防止微生物繁殖，促进面部的血液循环，增强面部皮肤的抵抗能力，预防面部皮肤疾病的发生。同时，清洁面部皮肤可使婴幼儿感觉舒适愉快。洗脸后擦香可以保持皮肤的滋润，特别是秋冬季节，天气比较干燥，尤其需要洗脸后擦香；擦香还可预防皮肤皲裂的发生，保护皮肤。

2）婴幼儿洗脸、擦香存在的主要问题

婴幼儿在洗脸过程中，主要有以下几个问题：一是洗不完整，婴幼儿洗脸往往只洗脸颊，眼角、嘴角、口周等处清洗不干净，且常常遗漏下颌、颈部、耳后等部位；二是婴幼儿对水十分感兴趣，经常是洗脸变成了玩水，不注意节约用水；三是洗脸时会打湿胸口、衣袖、衣襟等。擦香存在的主要问题：由于婴幼儿肌肉发育较晚，手指的灵活性差，婴幼儿在擦香时存在面霜或面乳擦得过多或过少、任意涂抹或涂抹不均匀等问题。

3）婴幼儿洗脸、擦香指导

每日早晚照护者要协助和指导婴幼儿洗脸，洗脸的顺序是用毛巾先擦内外眼角，然后擦鼻孔下方、口周、前额、脸颊、颈部、耳部。为保护耳朵不受伤害，耳部及外耳道的可见部分可用细软毛巾进行清洁。洗脸前，照护者应提醒婴幼儿先擤鼻涕；洗脸后，要指导婴幼儿用毛巾擦干脸上的水迹。秋冬季节洗脸后，照护者要指导婴幼儿用手指蘸适量护肤霜，均匀涂抹在脸上，以保护婴幼儿的皮肤。

4）洗脸、擦香的正确步骤

①将洗脸毛巾浸湿拧成不滴水状；②婴幼儿闭上眼睛，由内眦向外眦擦洗眼部；③用毛巾擦拭鼻孔边缘；④婴幼儿闭上口，先擦两边嘴角，然后擦嘴唇，最后用毛巾在口周擦拭一圈；⑤指导婴幼儿用毛巾反复在前额、面颊和下颌处画大圈，将面部清洁干净；⑥擦拭颈部时指导婴幼儿先擦颈部两侧，再擦颈部前边，最后擦颈部后面；⑦擦拭耳部时指导婴幼儿用毛巾先擦耳孔，再擦耳郭、耳后；⑧指导婴幼儿洗脸后用

毛巾将面部的水迹擦干。

擦香：①打开婴幼儿护肤霜，伸出一根手指，蘸一蘸；②让婴幼儿沾有护肤霜的手指在额头、鼻子、下颌、两侧脸颊点一点；③对着小镜子，照护者指导婴幼儿在额头左右抹，鼻子上下抹，口周画圆圈，双手分别在两侧脸颊画圈；④婴幼儿自己检查是否涂抹均匀，照护者检查并帮助婴幼儿涂抹均匀。

任务三　帮助明明沐浴

1. 情境描述

炎热的夏天，两岁的明明在农村奶奶家门前的草地上玩捉迷藏游戏，玩得非常开心。不一会儿明明便满头大汗，衣服也脏兮兮的，看起来像个小花猫。妈妈拿着浴盆装水后给他洗澡。明明很抗拒洗头，他说每次洗头都会有水流进他的眼睛里、耳朵里，很不舒服。为了能尽快洗完澡，妈妈搓完沐浴露后，直接把剩下的半桶水从明明肩膀淋了下来，再用爸爸的浴巾把明明擦干净并裹起来。

问题：

（1）为什么妈妈坚持给明明洗澡，她是怎样做的呢？明明为什么抗拒洗头？如何解决这个问题呢？（完成工作表单 1）

（2）在妈妈帮助明明洗澡的过程中，哪些做法是对的？哪些做法是不对的？帮助婴幼儿沐浴需要注意哪些事项？（完成工作表单 2）

（3）托幼机构帮助婴幼儿沐浴的实施条件有哪些？（完成工作表单 3）

2. 任务目标

（1）能说出沐浴的目的。

（2）能说出婴幼儿沐浴及洗头的注意事项。

（3）能帮助婴幼儿正确沐浴。

（4）能在照护中关心和爱护婴幼儿。

3. 工作表单

工作表单 1 如表 5-9 所示。

表 5-9

工作表单 1	抗拒洗头的原因与对策	姓名	学号
		评分人	评分

1. 为什么妈妈坚持给明明洗澡，她是怎样做的呢？

妈妈坚持给明明洗澡的原因是_____

_____。

她的做法是_____

_____。

2. 明明为什么抗拒洗头？如何解决这个问题呢？

明明抗拒洗头的原因是_____

_____。

解决这个问题的方法有_____

_____

_____。

工作表单 2 如表 5-10 所示。

表 5-10

工作表单 2	婴幼儿沐浴的注意事项	姓名	学号
		评分人	评分

1. 在妈妈帮助明明洗澡的过程中，哪些做法是对的？哪些做法是不对的？

妈妈做得对的地方是＿＿＿＿＿＿＿＿＿＿＿＿＿＿＿＿＿＿＿＿＿＿＿

＿＿＿＿＿＿＿＿＿＿＿＿＿＿＿＿＿＿＿＿＿＿＿＿＿＿＿＿＿＿＿。

妈妈做得不对的地方是＿＿＿＿＿＿＿＿＿＿＿＿＿＿＿＿＿＿＿＿＿

＿＿＿＿＿＿＿＿＿＿＿＿＿＿＿＿＿＿＿＿＿＿＿＿＿＿＿＿＿＿＿。

2. 帮助婴幼儿沐浴需要注意哪些事项？

①沐浴应在婴幼儿进食前后＿＿＿＿＿＿＿进行；

②沐浴中应注意观察婴幼儿＿＿＿＿＿＿＿、＿＿＿＿＿＿＿，如有＿＿＿＿＿＿＿，停止沐浴；

③婴幼儿哭闹时需要暂停沐浴；婴幼儿患病时或皮肤有感染时＿＿＿＿＿＿＿沐浴；

④沐浴前后要减少身体暴露，注意＿＿＿＿＿＿＿，动作轻快；

⑤沐浴中应保持水温＿＿＿＿＿＿＿，防止婴幼儿被烫伤或受凉。

工作表单 3 如表 5-11 所示。

表 5-11

工作表单 3	托幼机构婴幼儿沐浴的实施条件	姓名	学号
		评分人	评分
名称	实施条件	要求	
实施环境	（1）卫生间；（2）卧室	关闭门窗，室温_____℃，地面、浴盆防滑	
实施设备	（1）平整的操作台；（2）沐浴设施；（3）热水器	水温	
物品准备	（1）婴幼儿专用浴盆、脸盆、水温计、体重秤；（2）婴幼儿沐浴露、润肤露等；（3）浴巾 2 条、小毛巾 2 条、清洁衣服、尿不湿、卫生纸、指甲剪；（4）污物桶；（5）签字笔；（6）记录本；（7）消毒剂	长形浴盆、细软_____浴巾、毛巾	
人员准备	照护者具备帮助婴幼儿沐浴的能力	照护者着装整洁，修剪_____，摘掉饰物，清洁双手	

4. 反思评价

（1）假如你现在要照护一个半岁的婴幼儿，你如何帮助他/她沐浴？

_____

_____

_____

（2）请对本次任务进行评价，填写表 5-12。

表 5-12

评价内容	自　评
课堂活动参与度	☆ ☆ ☆ ☆ ☆
小组活动贡献度	☆ ☆ ☆ ☆ ☆
学习内容接受度	☆ ☆ ☆ ☆ ☆

5. 学习支持

婴幼儿皮肤上的汗腺、皮脂腺的分泌功能较强，皮脂易溢出，多见于头顶部（前囟门处）、眉毛、鼻梁、外耳道及耳后根部等处，如不经常清洗，就会与空气中的灰尘、皮肤上的碎屑形成厚厚的一层痂皮。因此，清洗时应当先用植物油涂擦在痂皮上面，浸泡变软后，再用水清洗干净，决不可用手将痂皮撕下来，以免损伤皮肤。

由于婴幼儿皮肤上的汗腺分泌旺盛，尤其是室温较高、保暖过度时，可导致汗腺的分泌物堆积在汗腺口，而形成红色的小疹子，多见于面部、背部或胸部。对于这种情况，只要保持适宜的室温，避免过分保暖，及时增减婴幼儿的衣服或盖被，经常洗脸、洗澡，保持婴幼儿的皮肤清洁，不需要特殊处理，就会自然好转。

婴幼儿皮肤娇嫩，代谢旺盛，特别是皮肤的皱褶处（如颈部、腋下、腹股沟等处）有许多污垢，如果不及时清除，就会刺激皮肤，降低皮肤抵抗力，如果皮肤破损还容易引起细菌感染。

1）婴幼儿沐浴的意义

沐浴不仅可以清洁皮肤，保持身心舒适，还能促进全身血液循环，有利于婴幼儿新陈代谢和体温调节。婴幼儿皮肤与水的全面接触，可改善皮肤的触觉能力和对温度、压力的感知能力，可提高婴幼儿对环境的适应能力。

2）婴幼儿沐浴准备

（1）沐浴方法的选择。

沐浴一般可分为盆浴和淋浴。家庭一般为婴幼儿进行盆浴，2 岁后的婴幼儿可以选择淋浴。专业的水育馆、医院一般选择淋浴。

（2）浴盆的放置。

浴盆放置的高度应正好适合婴幼儿沐浴，且便于照护者操作，若放在卫生间或卧室地面或平整的操作台上，可在盆底部垫一块毛巾防滑。

3）盆浴的步骤

（1）备水：浴盆内备好 37～39℃温水，内铺大浴巾以防滑。先放冷水再放热水调试水温，可用水温计测量水温，或用前臂内侧皮肤测试水温，以不烫为宜。降温时，水温高于体温 1℃，备水时水温稍高 2～3℃。

（2）脱衣服：将婴幼儿抱上操作台，给婴幼儿脱去衣服、保留尿布、露出全身、检查皮肤、裹上浴巾，根据需要测量体重和身高。

（3）洗脸：将洗脸的小毛巾放入温水中，拧至不滴水，对折两次，呈四角重叠的"近似正方形"。用小毛巾两个角分别清洗婴幼儿眼部，从眼角内侧向外轻轻擦拭；用小毛巾的另外两个角分别清洗鼻孔下方、口周；换毛巾一面，由内向外清洗前额、脸颊、颈部；换毛巾另一面，清洗外耳道、耳郭及耳后。其间应清洗毛巾 1～2 次，以保证毛巾的清洁。

（4）洗头：首先，根据婴幼儿年龄选取恰当的洗头姿势，照护者让婴幼儿站立弯腰低头或将婴幼儿抱起仰面朝上。较小婴幼儿可采用抱姿，照护者左前臂托住婴幼儿背部，左手掌托住婴幼儿的头颈部，婴幼儿脸朝上，左手拇指与中指分别将婴幼儿双耳郭向前按住，防止水流入造成内耳感染，左臂及腋下夹住婴幼儿臀部及下肢，将头移至浴盆边。然后，清洗头部。照护者右手撩水将婴幼儿的头发淋湿，取适量洗发液于掌心并在水内过一下，尔后用指腹轻轻揉洗婴幼儿的头皮，再用清水洗净头发，用干毛巾擦干头发。检查婴幼儿外耳道，若有水分或分泌物，用棉签轻轻蘸干。

（5）入盆：洗完头面部后，去掉浴巾、尿布，照护者左手握住婴幼儿左肩及腋窝，婴幼儿头颈部枕在照护者左臂上，右手握住婴幼儿左腿近腹股沟处，轻轻将婴幼儿（臀部先着盆）放入铺有浴巾的浴盆中，在婴幼儿胸腹部放一块小毛巾。

（6）洗前身：照护者保持左手握持，松开右手，让婴幼儿头微微后仰，用清水打湿婴幼儿上身，先清洗，再涂抹浴液。遵循由上而下、先前身再后背的原则，依次清洗颈下、胸部、腹部、上肢、腋下、下肢、腹股沟、会阴等处，边洗边冲净浴液。

（7）洗后背：用右手握住婴幼儿左肩及腋窝，使其头颈部伏于照护者右手臂上，左手依次清洗婴幼儿后颈、背部、臀部、下肢等部位，边洗边冲净浴液。

（8）出盆：左手握住婴幼儿左肩及腋窝，婴幼儿头颈部枕在照护者左臂上，照护者右手握住婴幼儿左腿近腹股沟处，将婴幼儿抱出浴盆，放在铺有干净浴巾的操作台上，用浴巾包裹婴幼儿全身并将水分蘸干，尤其注意耳后及皮肤皱褶处。垫好尿布，给婴幼儿擦干头发。

（9）浴后护理：用棉签轻轻清除外耳道、眼部分泌物，若有鼻痂，可用棉签蘸温水轻轻清除。

（10）穿衣：包好尿布，穿好衣服。

4）婴幼儿淋浴的步骤

（1）浴前准备：照护者指导和帮助婴幼儿脱衣服，并将衣服放在固定位置，袜子放在鞋子里，婴幼儿穿拖鞋进入浴室。

（2）洗头：撩水将婴幼儿头发淋湿，取适量洗发液于掌心轻轻揉洗婴幼儿头皮，再用清水洗净头发，擦干头发。给婴幼儿洗头时，提醒婴幼儿闭眼、弯腰、低头，防止洗头水进入眼睛。

（3）洗身体：给婴幼儿洗身体，提醒婴幼儿抬头，将身体淋湿，依次清洗颈下、胸部、腹部、上肢、腋下、下肢、腹股沟、会阴等处；提醒婴幼儿转身，依次清洗后颈、背部、臀部、下肢、脚窝脚踝等处，边洗边冲；再让婴幼儿转身，给婴幼儿洗脚；最后将浴液抹在婴幼儿全身，用清水冲洗干净。

（4）擦干身体，穿衣，必要时测量体重和身长（高），安置好婴幼儿。

5）婴幼儿沐浴的注意事项

（1）沐浴应在婴幼儿进食前后 1 小时进行。

（2）沐浴过程中应注意观察婴幼儿面色、呼吸，如有异常，停止沐浴。

（3）婴幼儿哭闹时需要暂停沐浴；婴幼儿患病时或皮肤有感染时不宜沐浴。

（4）沐浴前后要减少身体暴露，注意保暖，动作轻快。

（5）沐浴过程中应保持水温恒定，防止婴幼儿被烫伤或受凉。

任务四　帮助阳阳修剪指甲

1. 情境描述

阳阳快三岁了，平时都是奶奶带的，每次阳阳指甲长得很长了，并且指甲缝里填满厚厚的脏物，奶奶才想起给他剪指甲。平时给阳阳剪指甲很费劲，小家伙要么到处乱跑，要么就坐在板凳上扭来扭去。为了解决这个问题，奶奶想了一个办法，趁着阳阳睡着的时候给他剪指甲。她把阳阳指甲剪得很短，剪完后非常细心地把指甲磨一磨，直到阳阳的指甲没有一点尖角才把指甲刀放回盒子里。

问题：

（1）结合案例，奶奶给阳阳剪指甲容易发生什么难题？她是如何解决的？你认为阳阳奶奶的做法有哪些对的地方，哪些不对的地方？（完成工作表单1）

（2）照护者应该如何正确给婴幼儿剪指甲？给婴幼儿剪指甲的注意事项有哪些？（完成工作表单2）

2. 任务目标

（1）能说出修剪指甲的目的。

（2）能说出修剪指甲的注意事项。

（3）能帮助婴幼儿修剪指甲。

（4）能在操作中关心和爱护婴幼儿。

3. 工作表单

工作表单1如表5-13所示。

表 5-13

工作表单 1	奶奶给阳阳剪指甲	姓名		学号	
		评分人		评分	

1. 结合案例，奶奶给阳阳剪指甲容易发生什么难题？她是如何解决的？

奶奶在给阳阳剪指甲的过程中发生的难题是＿＿＿＿＿＿＿＿＿＿＿＿＿＿＿

＿＿＿＿＿＿＿＿＿＿＿＿＿＿＿＿＿＿＿＿＿＿＿＿＿＿＿＿＿＿＿＿＿＿

＿＿＿＿＿＿＿＿＿＿＿＿＿＿＿＿＿＿＿＿＿＿＿＿＿＿＿＿＿＿＿＿＿。

奶奶的解决办法是＿＿＿＿＿＿＿＿＿＿＿＿＿＿＿＿＿＿＿＿＿＿＿＿＿＿

＿＿＿＿＿＿＿＿＿＿＿＿＿＿＿＿＿＿＿＿＿＿＿＿＿＿＿＿＿＿＿＿＿＿

＿＿＿＿＿＿＿＿＿＿＿＿＿＿＿＿＿＿＿＿＿＿＿＿＿＿＿＿＿＿＿＿＿。

2. 你认为阳阳奶奶的做法有哪些对的地方，哪些不对的地方？

奶奶做法中对的地方有＿＿＿＿＿＿＿＿＿＿＿＿＿＿＿＿＿＿＿＿＿＿＿＿

＿＿＿＿＿＿＿＿＿＿＿＿＿＿＿＿＿＿＿＿＿＿＿＿＿＿＿＿＿＿＿＿＿＿

＿＿＿＿＿＿＿＿＿＿＿＿＿＿＿＿＿＿＿＿＿＿＿＿＿＿＿＿＿＿＿＿。

奶奶做法中不对的地方有＿＿＿＿＿＿＿＿＿＿＿＿＿＿＿＿＿＿＿＿＿＿＿

＿＿＿＿＿＿＿＿＿＿＿＿＿＿＿＿＿＿＿＿＿＿＿＿＿＿＿＿＿＿＿＿＿＿

＿＿＿＿＿＿＿＿＿＿＿＿＿＿＿＿＿＿＿＿＿＿＿＿＿＿＿＿＿＿＿。

工作表单 2 如表 5-14 所示。

表 5-14

工作表单 2	正确给婴幼儿修剪指甲	姓名		学号	
		评分人		评分	

1. 照护者应该如何正确给婴幼儿剪指甲？

2. 给婴幼儿剪指甲的注意事项有哪些？

①指甲缝里的_____不可用锉刀或锐利的物体清理，以防损伤指甲，引起感染；

②指甲的边缘要剪得_____，不能留有_____，以免损伤皮肤，引起感染；

③指甲剪使用后要用_____擦拭消毒。

4. 反思评价

（1）作为照护者，怎样让婴幼儿积极配合修剪指甲呢？

　　　　　　　　　　　　　　　　　　　　　　　　　　　　　　　　　

　　　　　　　　　　　　　　　　　　　　　　　　　　　　　　　　　

　　　　　　　　　　　　　　　　　　　　　　　　　　　　　　　　　

（2）请对本次任务进行评价，填写表 5-15。

表 5-15

评价内容	自　评
课堂活动参与度	☆ ☆ ☆ ☆ ☆
小组活动贡献度	☆ ☆ ☆ ☆ ☆
学习内容接受度	☆ ☆ ☆ ☆ ☆

5. 学习支持

指甲是皮肤的衍生物。婴幼儿指甲的远端露于体表，称甲体，近端埋于皮肤内，称甲根，甲体的两侧与皮肤之间的沟，称甲沟。婴幼儿因为甲体还没有完全形成，所以不一定要修剪，但当甲体长到能抓破皮肤时就需要剪短一些。

1）婴幼儿修剪指甲的目的

婴幼儿修剪指甲的目的主要包括以下几个：一是可以避免因为指甲太长而抓破自己娇嫩的皮肤，或者抓伤他人；二是可以清除甲沟边缘藏有的细菌和脏物，以免婴幼儿抓破皮肤后，出现伤口感染；三是避免婴幼儿咬指甲，造成手指变形，或将病菌带入口腔引发疾病等。

2）修剪指甲的实施步骤

①协助婴幼儿选择适合的姿势，可采用卧姿或坐姿。卧姿是将婴幼儿平放在床

上，坐姿是婴幼儿背对照护者坐在其大腿上，便于修剪指甲。②照护者用一只手的拇指和食指按着婴幼儿的一个指头，注意力度不要太大，以免弄疼婴幼儿，另一只手持指甲剪，仔细查看婴幼儿指甲边缘白色部分，从指甲边缘的一端沿着婴幼儿指甲的弧度剪切。剪好一个指甲换一个，不要同时抓住一排指甲来剪切，以免婴幼儿突然晃动手指而误伤其他指甲。③指甲剪完后，照护者可以用自己的手指沿着婴幼儿的指甲边缘摸一圈，仔细检查是否有突出的尖角，若有则用指甲剪的另一面将尖角磨成圆弧形。④及时清理剪下的指甲屑，以免损伤婴幼儿皮肤。

3）婴幼儿修剪指甲的注意事项

①使用婴幼儿专用的指甲剪刀，以免婴幼儿感染成人疾病。②可在婴幼儿入睡之后修剪指甲，但不要剪得太短、太贴肉。③及时清除剪下的指甲屑，以免掉落在婴幼儿衣服上和身上，弄伤皮肤。④建议每周修剪1次。

四、模块测试

（一）理论知识部分

1. 单项选择题

（1）婴幼儿擦拭口周的正确流程是（　　）。

　　A. 婴幼儿闭口、擦两边嘴角、擦嘴唇、擦拭口周一圈

　　B. 婴幼儿张口、擦两边嘴角、擦嘴唇、擦拭口周一圈

　　C. 婴幼儿闭口、擦嘴唇、擦两边嘴角、擦拭口周一圈

　　D. 婴幼儿张口、擦嘴唇、擦两边嘴角、擦拭口周一圈

（2）婴幼儿刷牙，正确的是（　　）。

　　A. 刷牙时间不够　　　　　　　B. 每天早晚各刷一次

　　C. 吞咽牙膏水　　　　　　　　D. 每天刷一次牙

（3）给婴幼儿修剪指甲的要点不正确的是（　　）。

　　A. 不要剪太短　　　　　　　　B. 尽量剪短一些，贴着肉

　　C. 指甲边缘要剪得圆滑　　　　D. 修剪后需磨平指甲边缘

（4）将婴幼儿放入浴盆之前必须确保水温不会太高。婴幼儿照护者可用肘部去测试水温，最合适的水温是（　　）。

　　A. 30℃　　　　　　B. 40℃　　　　　C. 45℃　　　　　　D. 60℃

（5）婴幼儿擦香的顺序是（　　）。

　　A. 额头、鼻子、下颌、两侧脸颊　　B. 两侧脸颊、额头、鼻子、下颌

　　B. 鼻子、下颌、两侧脸颊、额头　　D. 两侧脸颊、下颌、鼻子、额头

（6）以下婴幼儿生活行为正确的是（　　）

　　A. 用牙签尖尖剔嘴　　　　　　B. 睡前洗脸、洗脚、漱口

　　C. 在马路上跑　　　　　　　　D. 把玩具带到床上玩

2. 判断题

（1）应从 1 岁半开始让婴幼儿自己刷牙。（　　）

（2）牙刷应放在卫生间洗手池上。（　　）

（3）婴幼儿牙刷应选用软质牙刷。（　　）

（4）横向刷牙是正确的刷牙方法。（　　）

（二）技能操作部分

1. 七步洗手法考核标准

该项操作的评分标准包含评估、计划、实施、评价四个方面的内容，总分为 100 分。测试时间 10 分钟，其中环境和用物准备 2 分钟，操作 8 分钟。七步洗手法考核标准如表 5-16 所示。

表 5-16

考核内容		考核点	分值	评分要求	扣分	得分	备注
评估（15 分）	婴幼儿	意识状态、理解能力	4	未评估扣 4 分，不完整扣 1～2 分			
		心理情况：有无惊恐、焦虑	2	未评估扣 2 分，不完整扣 1 分			
	环境	干净、整洁、温湿度适宜	3	未评估扣 3 分，不完整扣 1～2 分			
	照护者	着装整齐	3	不规范扣 1～2 分			
	物品	物品准备齐全	3	少一个扣 1 分，扣完 3 分为止			
计划（5 分）	预期目标	口述目标：婴幼儿在指导下完成七步洗手法	5	未口述扣 5 分			

（续表）

考核内容		考核点	分值	评分要求	扣分	得分	备注
实施（60分）	准备	1.再次检查洗手时的设施及物品	2	未检查扣2分			
		2.洗手前修剪指甲	3	未修剪扣3分			
	七步洗手	1.引导婴幼儿到洗手池，告知婴幼儿洗手	2	未告知扣2分			
		2.卷起衣袖	3	未卷衣袖扣3分			
		3.让婴幼儿打开水龙头，打湿双手，擦肥皂	3	未打湿就擦扣3分			
		4.指导婴幼儿洗手（内）：洗手掌，掌心相对，相互揉搓（外）：洗背侧指缝（夹）：洗掌侧指缝（弓）：洗指背，弯曲各手指关节（大）：洗拇指（立）：洗指尖（腕）：洗手腕各环节不少于15s	35	每错一个环节扣5分			
		5.冲净双手，用干净的毛巾擦干双手	5	未准备毛巾扣5分			
	整理记录	整理物品	3	未整理扣3分			
		洗手	2	不正确洗手扣2分			
		记录照护情况	2	不记录扣3分			

（续表）

考核内容	考核点	分值	评分要求	扣分	得分	备注
评价（20分）	1. 操作规范，动作熟练	5				
	2. 指导婴幼儿洗手顺利	5				
	3. 态度和蔼，操作过程清晰有序，关爱婴幼儿	5				
	4. 与婴幼儿沟通有效，建立互动合作	5				
总分		100				

2. 婴幼儿沐浴考核标准

该项操作的评分标准包含评估、计划、实施、评价四个方面的内容，总分为100分。测试时间15分钟，其中环境和用物准备5分钟，操作10分钟。婴幼儿沐浴考核标准如表5-17所示。

表5-17

考核内容		考核点	分值	评分要求	扣分	得分	备注
评估（15分）	婴幼儿	评估婴幼儿的皮肤状况，日常沐浴习惯	4	未评估扣4分，不完整扣1~2分			
		评估婴幼儿的心理状况，配合程度	2	未评估扣2分，不完整扣1分			
	环境	评估温湿度是否适宜，关闭门窗，做好地面防滑处置	3	未评估扣3分，不完整扣1~2分			
	照护者	着装整洁，修剪指甲，清洁温暖双手	3	不规范扣1~2分			
	物品	物品准备齐全、放置合理	3	少一个扣1分，扣完3分为止			

（续表）

考核内容		考核点	分值	评分要求	扣分	得分	备注
计划（5分）	预期目标	口述目标：婴幼儿积极配合沐浴，心情愉悦	5	未口述扣5分，口述不完整扣2~3分			
实施（60分）	沐浴前准备	1. 系好围裙，调试水温，在盆底垫大毛巾	4	水温不适合扣4分			
		2. 评估婴幼儿全身情况，脱婴幼儿衣裤动作熟练，用大毛巾包裹婴幼儿全身，口述评估情况	6	方法不正确扣6分			
	沐浴	1. 清洗头面部时抱姿正确，婴幼儿安全	5	方法不正确扣5分			
		2. 面部清洗方法正确，动作轻柔	5	方法不正确扣5分			
		3. 防止水流入耳道方法正确	5	方法不正确扣5分			
		4. 头发清洗方法正确，及时擦干	5	方法不正确扣5分			
		5. 将婴幼儿抱回操作台，解开大毛巾	2	方法不正确扣2分			
		6. 清洗躯干时抱姿正确，换手时动作熟练，婴幼儿安全	3	方法不正确扣3分			
		7. 按顺序擦洗婴幼儿全身，沐浴液冲洗干净，动作轻柔、熟练，婴幼儿安全	8	方法不正确扣5分，动作不熟练、顺序不正确扣3分			
		8. 及时将婴幼儿抱起放于大毛巾中，迅速包裹并拭干水分	5	方法不正确扣2分			

（续表）

考核内容		考核点	分值	评分要求	扣分	得分	备注
实施（60分）	沐浴后处理	1. 婴幼儿臀部护理正确	2	方法不正确扣2分			
		2. 给婴幼儿穿衣方法正确，动作熟练	2	方法不正确扣2分			
		3. 脱去围裙，将婴幼儿安置妥当，并告知沐浴后的注意事项	2	方法不正确扣2分			
		4. 垃圾初步处理正确	2	方法不正确扣2分			
		5. 及时消毒双手，记录沐浴情况	2	未消毒记录扣2分			
评价（20分）		1. 操作规范，动作熟练	5				
		2. 操作过程注意保暖	5	未注意保暖扣5分			
		3. 操作过程注意保持水温	7	未注意保持水温扣7分			
		4. 操作过程注意物品清洁	3	未清洁扣3分			
总分			100				

模块六　婴幼儿物品的清洁与消毒

一、模块概述

　　婴幼儿的免疫系统尚未成熟，抵抗力弱，容易受病菌感染，且一旦感染后病菌可经由呼吸道、消化道传播，引起肺炎、腹泻等疾病，轻者导致婴幼儿体重下降，成长发育迟缓，重者可导致败血症，危及生命。所以，做好清洁与消毒对婴幼儿的健康非常重要，特别是婴幼儿使用的卧具、餐具、玩具和家具，这"四具"的清洁与消毒尤为重要。本模块重点学习清洁与消毒婴幼儿的房间、衣物、床上用品、玩具和奶具的方法及相关技巧。

二、知识点与技能点

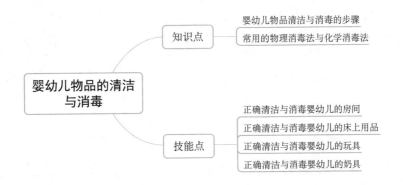

三、工作任务

任务一　婴幼儿房间材料的选择与清洁

1. 情境描述

1 岁的天天正是学走路的年龄段。妈妈为了给天天创造一个清洁的环境，每天都要拖地板、擦拭家具。一天，妈妈发现天天在房间里扶着墙面一小步一小步往前走，走了几步之后感觉累了，他就蹲下来，在地面上爬起来，爬到小书柜前停了下来。他好奇地摸摸小书柜上装饰的花朵，然后把小手放到嘴里，接着小家伙又爬到沙发前面。之前妈妈为了孩子不着凉，在沙发前面铺了一块地毯，天天爬到地毯上坐了下来，又把小手放进了嘴巴里。妈妈心想：幸好我每天拖地板、擦拭家具，不然天天每天都在房间里扶扶墙、爬爬地、摸摸家具、咬咬手，如果我不打扫卫生，天天会把多少细菌吃到肚子里呀！

问题：

（1）结合案例，为了给天天创造清洁的环境，妈妈是如何做的？你觉得妈妈做得好的地方有哪些？做得不科学的地方有哪些？应该如何改善？（完成工作表单 1）

（2）妈妈应该如何做好地面与墙面的清洁与消毒工作？（完成工作表单 2）

（3）小组讨论，妈妈应该如何清洁房间里常用的电器和家具？（完成工作表单 3）

2. 任务目标

（1）能说出房间清洁的方法及间隔时间。

（2）能正确清洁与消毒婴幼儿的房间。

3. 工作表单

工作表单 1 如表 6-1 所示。

表 6-1

工作表单 1	案例分析	姓名		班级	
		评分人		评分	

1. 结合案例，为了给天天创造清洁的环境，妈妈是如何做的?

2. 你觉得妈妈做得好的地方有哪些? 做得不科学的地方有哪些? 应该如何改善呢?

妈妈做得好的地方是_____

_____。

妈妈做得不科学的地方是_____

_____。

我觉得可以改善之处是_____

_____。

婴幼儿房间地板应该如何选择与布置?

_____

_____

_____。

工作表单 2 如表 6-2 所示。

表 6-2

工作表单 2	房间地面与墙面的清洁	姓名		班级	
		评分人		评分	
地面的清洁与消毒	地面缝隙多，容易积聚细菌，婴幼儿在地面玩耍时，容易与细菌接触。可根据实际情况选择以下清洁方法。 （1）抹布或吸尘器。日常清洁，一般使用干净的抹布或吸尘器进行清洁。 （2）地面清洁剂。如果地面沾有难以擦去的污渍、茶渍、咖啡渍等，可以使用专用的_____擦拭。 （3）消毒剂。定期使用消毒剂也是必要的，_____用稀释好的消毒剂擦拭，擦拭时一定要将抹布拧干。				
地毯的清洁与消毒	地毯容易滋生螨虫等细菌，婴幼儿趴在地毯上玩耍，手上会沾上细菌。 地毯每周应吸尘_____次。如果沾有果汁等污渍，可用清水加_____倒在地毯上，用毛巾清洁干净。				
墙面漆清洁	一般污渍可_____的抹布擦拭，难以擦拭的污渍可使用_____轻轻擦去。				
壁纸清洁	壁纸不要经常用水或者湿布擦洗，建议每隔_____个月彻底清洁一次。 （1）纸质壁纸可用_____吸尘。 （2）胶面壁纸可用_____的清洁剂清洗。如果是顽渍，可用_____和清洁剂混合喷涂在污渍处，再用热毛巾轻轻擦拭。				

工作表单3如表6-3所示。

表6-3

工作表单3	电器和家具的清洁	姓名		班级	
		评分人		评分	
电器清洁	（1）空调清洁：空调使用一段时间后，过滤网、蒸发器及送风系统上会聚集大量的灰尘，并滋生细菌。每到换季或者感觉空调制冷效果下降时，就需要进行清洁。除了空调叶片的清洁，一些隐蔽的位置也需要使用喷枪进行清洁。夏季或冬季_____使用空调前，应先把空调罩取下，接通电源将空调设置为_____模式，打开门窗进行通风换气，将机内的异味排除干净后再使用。 （2）风扇清洁：风扇必须要勤清洁与保养，一般来说，在持续使用风扇时，每_____个月需要对风扇进行一次清洗。清洗时可用_____加水对叶片和风扇表面进行简单的擦拭。 （3）暖风机清洁：暖风机的清洁与空调大致相同，叶片需要定期进行擦拭。如果需要进行深度清洁，可以找专业的公司进行。				
家具清洁	（1）书柜清洁：由于书柜是摆放书籍的，纸质物品容易发霉，所以书柜要摆放在_____的位置，防止书柜和书籍遇水潮湿，平时以干净的抹布擦拭即可。 （2）衣柜清洁：衣柜的清洁应避免使用易损伤木头的_____、清洁剂等刺激性及腐蚀性的化学品。平时以干净的抹布擦拭，若有脏污，可酌量使用_____或_____，用湿布进行擦拭。				

4.反思评价

（1）家里有婴幼儿，进行房间的卫生清洁应注意哪些事项?

_____

_____

_____

（2）请你对本次任务进行评价，填写表6-4。

表6-4

评价内容	自　　评
课堂活动参与度	☆ ☆ ☆ ☆ ☆
小组活动贡献度	☆ ☆ ☆ ☆ ☆
学习内容接受度	☆ ☆ ☆ ☆ ☆

5.学习支持

地面是婴幼儿主要的活动区域，婴幼儿坐、爬、站都在地面上，因此地面材料的选择和布置显得尤为重要。

首先地面的材料选择和布置要以环保和安全为主。地面材料建议选择脚感舒适的木地板，且地板的环保系数必须达到E0级。不建议使用瓷砖，因为婴幼儿活泼好动，容易发生摔倒和碰擦的小事故，那么瓷砖对婴幼儿的伤害无疑相对木地板要严重一些。

其次地面不宜铺设地毯。因为地毯容易藏污纳垢，看似很干净的地毯，实际上是很多尘土和病菌的藏身之所，特别是螨虫和大肠杆菌容易隐藏其中。地毯不仅藏污而且还不易清理。地毯看似光鲜，但光鲜的背后是极难清理干净，无论水洗还是干洗，即使用吸尘器都不能使其彻底干净。婴幼儿又喜欢在地毯上摸爬滚打，受到细菌感染的机会比较大。所以，有的家长想要给婴幼儿营造一个温暖的环境，可以选择厚度适中的环保型地垫。

此外，婴幼儿对颜色的感知最为敏感，因此婴幼儿房间的墙面应以明快为主，不宜有过多花色。

任务二　为豆豆进行衣物的清洁与消毒

1. 情境描述

炎热的夏季，淘气的豆豆每天都要更换两身衣服，妈妈这两天比较忙，为了省事，就把孩子的衣服和大人的衣服一起扔进洗衣机，放了洗衣液进行清洗。之后几天，豆豆经常觉得身上很痒，总是让妈妈帮他挠痒痒。妈妈以为是豆豆长了痱子，可是又看不到皮肤有什么异样。接下来的几天妈妈每天给豆豆洗澡之后，单独清洗豆豆的衣服，豆豆就再也没有说过皮肤痒了。

问题：

（1）妈妈原先给豆豆清洗衣服的方法正确吗？后来的方法正确吗？你认为豆豆为什么会出现皮肤瘙痒呢？（完成工作表单1）

（2）如果你是豆豆的照护者，你会如何清洁豆豆的衣物呢？（完成工作表单2）

（3）小组讨论，日常清洁衣物与床上用品的注意事项有哪些？（完成工作表单3）

2. 任务目标

（1）能说出衣物的清洁方法。

（2）能说出床上用品清洁的方法及间隔时间。

（3）能正确清洁婴幼儿床上用品。

3. 工作表单

工作表单1如表6-5所示。

表 6–5

工作表单 1	婴幼儿皮肤瘙痒的原因分析	姓名		班级	
		评分人		评分	

1. 妈妈原先给豆豆清洗衣服的方法正确吗？后来的方法正确吗？

2. 你认为豆豆为什么会出现皮肤瘙痒呢？如何解决这个问题？

工作表单 2 如表 6-6 所示。

表 6-6

工作表单 2	婴幼儿衣物的正确清洗	姓名		班级	
		评分人		评分	

如果你是豆豆的照护者，你会如何清洁豆豆的衣物呢?

（1）检查脏处

清洁的第一步就是检查衣物上是否有比较脏的地方。先找到污渍处，可以用专用_____予以重点除污。

（2）检查是否脱线

清洗之前还需检查衣物是否有脱线情况。如有脱线可先_____好后再清洗。

（3）手洗

婴幼儿穿的衣服不建议使用洗衣机进行清洗，因为_____中可能会有一些残留物，并且洗衣机经常清洗大人的衣服，细菌较多，不适宜用于清洗婴幼儿的衣服，选择_____的盆子手洗婴幼儿的衣服是最好选择。

（4）分开清洗

婴幼儿的衣服通常情况下没有太多的污渍，细菌是比较少的。大人经常外出暴露在外界，其身上的污渍_____，细菌也比较_____，大人和婴幼儿的衣服放在一起清洗，会_____婴幼儿衣服上，因此应分开洗。

（5）选择婴幼儿专用的洗衣液

婴幼儿的皮肤是非常_____的，比较容易受到伤害，在洗衣液方面要选择安全无_____的洗衣液，保证衣服洗过之后是安全无刺激的、舒适松软的。

（6）暴晒杀菌

婴幼儿的衣服清洗干净后建议放在_____下暴晒，这样能够起到一定的杀菌作用，平时也不要将衣服放在背阴处，背阴处细菌较多。

工作表单 3 如表 6-7 所示。

表 6-7

工作表单 3	婴幼儿衣物清洁注意事项	姓名		班级	
		评分人		评分	
1. 使用去污洗衣液时，需将洗衣液倒入常温水中，将需要洗涤的衣物浸泡＿＿＿＿＿分钟以上					
2. 使用肥皂清洗时，用手揉搓，不可太用力，否则容易造成衣物或床上用品变形					
3. 不同面料的衣物应该采用＿＿＿＿＿的洗涤方式，洗涤前先阅读标签上的＿＿＿＿＿					
4. 枕芯和被芯的清洁建议用滚筒式洗衣机或＿＿＿＿＿					
5. 换季时床上用品要洗涤干净，晾干之后存放于干燥处，对于湿度较大的地区，应定期＿＿＿＿＿					
6. 洗涤或者收藏时，深、浅色织物的床上用品要分开					
7. 棉织物放入适量的＿＿＿＿＿，可以防止床上用品发霉或虫蛀。丝毛类织物放在湿度适宜、通风良好的地方即可，不可放樟脑丸，以免织物泛黄					
8. 根据天气情况，尽量每＿＿＿＿＿周暴晒一次婴幼儿的被褥					

4. 反思评价

（1）清洗婴幼儿的衣物，你觉得用肥皂好还是用洗衣液好呢?

（2）请你对本次任务进行评价，填写表 6-8。

表 6-8

评价内容	自　　评
课堂活动参与度	☆ ☆ ☆ ☆ ☆
小组活动贡献度	☆ ☆ ☆ ☆ ☆
学习内容接受度	☆ ☆ ☆ ☆ ☆

5. 学习支持

1）清洗婴幼儿的衣物

（1）认真选择清洗婴幼儿衣物的洗涤剂，彻底清净衣物。

婴幼儿的皮肤非常娇嫩，受不得一点刺激和伤害，因此认真选择洗涤用品显得尤为重要。洗涤剂必须选择对婴幼儿皮肤刺激性小的婴幼儿专用产品，并严格按照说明使用。用洗涤剂洗完婴幼儿衣物之后，还需用清水彻底地涮洗干净，直到没有泡泡出现为止。

（2）有污渍的衣物，马上清洗，而且做到单独清洗。

婴幼儿在吃饭或是玩耍时，其衣物沾染污渍是难免的，这时应及时给婴幼儿换衣服，因为污渍在衣物上停留的时间越长就越难清洗干净，尤其是蔬菜汁或是水果汁，假如不及时清洗，很有可能留下痕迹。需要注意的是，婴幼儿衣物必须单独清洗，不要和成人的衣物放置在一起浸泡或清洗，否则成年人衣物上的致病菌很可能进入婴幼儿的衣物上。

（3）最好手洗婴幼儿的衣物，并且在阳光下晾晒。

现在的很多家长不喜欢手洗，经常用洗衣机洗衣物，不管是大人的还是婴幼儿的衣物。对洗衣机的消毒，您是否在意过呢？多长时间对洗衣机进行一次彻底的清洁和消毒？洗衣机内存在的大量细菌如何处理？您是否意识到洗衣机中潜藏的细菌对婴幼儿的危害非常大呢？因此婴幼儿的衣物尽量手洗，洗完之后，放在太阳下晾晒，这样有助于消毒杀菌。

（4）婴幼儿的衣物禁止使用漂白剂或是除菌消毒剂。

选择洗涤剂时，应注意查看是否含有除菌消毒剂或漂白剂等物质，这些化学物质的存在会伤害婴幼儿的健康，危害极大。对于婴幼儿的衣物来说，没有必要使用除菌物质，太阳是最好的杀菌武器，只要把婴幼儿的衣物放在阳光下晾晒就可以了，无须使用其他的方法。有的漂白剂或除菌剂还会使衣物变硬，影响其舒适度。

（5）婴幼儿的内衣与外衣分开清洗。

婴幼儿贴身的衣物大都是每日清洗一次，外套则会穿得长久一些，要隔一段时间才会清洗一次，因此婴幼儿外套沾染细菌的机会大一些，清洗的时候，一定要注意将它们分类放置。

2）为什么要经常清洗床上用品

人的一生有 1/3 的时间是在床上度过的，注意睡床卫生十分重要。床铺不经常清洗，脱落的皮屑、头发及排出的汗液等都有利于病菌的滋生和繁殖，造成一个不卫生的环境，这样的环境会使人感到不舒服，影响休息，进而影响身体健康。因此，要养成勤换洗床上用品的习惯。一般来说，床单被套最好每个月换洗一次，用洗衣粉和清水洗净后，再用开水泡一下，能起到消毒灭菌的作用。洗涤后的床上用品要彻底晾干，干燥的环境才不利于病菌生长。另外，垫褥和被褥也要经常在阳光下暴晒。这样就能保持良好、舒适的休息环境，预防疾病的发生。

通常人体每昼夜能排出 1000 毫升的汗液，每周从皮肤分泌 200～300 毫升半液体状的油脂。这些汗水和油脂，有一部分留存在被褥上，原来存在于被褥上的细菌等微生物就以此为养料而繁殖起来，微生物在分解这些污垢时还会产生种种难闻的臭气。被褥太脏也容易滋生虱子，传播疾病。阳光中的紫外线有着强烈的杀菌消毒作用，可有效杀灭葡萄球菌、大肠杆菌、结核杆菌。勤晒床上用品可使人类充分享受大自然的恩赐。

有些人只对枕巾、枕套进行清洗、晾晒，时常忽略枕芯，殊不知人在睡觉时，皮肤蒸发及体内排泄的污浊气体大量渗入枕芯，仅清洁和晾晒外表是治标不治本，因而晾晒床上用品时千万不要忘记枕芯。

任务三　婴幼儿玩具的选择与清洁

1.情境描述

爸爸经常给强仔买各种玩具，只要是强仔喜欢的，不管是积木，还是玩具枪、遥控小汽车、毛绒熊等，爸爸统统买回来。玩具多了，有一些玩具买回来两天强仔就不玩了，妈妈就把这些玩具放到了一个大箱子里面。

强仔经常把各种玩具拿出来扔得到处都是，地上、床上、沙发上都是玩具。强仔经常咬毛绒熊的耳朵，有的时候甚至边吃零食边玩玩具，玩具上还会沾着一些零食碎末。

这天强仔吃饭的时候说肚子疼，妈妈想起来强仔在吃饭前玩玩具，猜想可能是刚才把玩具放进嘴里，吃进了细菌导致的。妈妈想把孩子的玩具都清洗一遍，可是这么多玩具，材质不一样，要如何清洗呢？

问题：

（1）结合案例，爸爸给孩子买玩具的方式对吗？如何挑选适合婴幼儿年龄的玩具？应该注意哪些事项？（完成工作表单1）

（2）强仔肚子疼的原因有可能是什么？如何对不同材质的玩具进行清洁和消毒？（完成工作表单2）

（3）小组讨论，玩具清洁和消毒的原则有哪些？（完成工作表单3）

2.任务目标

（1）能说出玩具清洁的原则及方法。

（2）能正确清洁婴幼儿的玩具。

（3）能科学地为婴幼儿挑选玩具。

3. 工作表单

工作表单 1 如表 6-9 所示。

表 6-9

工作表单 1	挑选玩具的原则和方法	姓名		班级	
		评分人		评分	

1.结合案例，爸爸给孩子买玩具的方式对吗？如何挑选适合婴幼儿年龄的玩具呢？

我觉得爸爸给孩子买玩具的方式_____

_____。

挑选适合婴幼儿年龄段的玩具的方法是_____

_____。

2.挑选玩具的时候，应该注意哪些事项？

工作表单 2 如表 6-10 所示。

表 6-10

工作表单 2	不同玩具的清洁消毒方法	姓名		班级	
		评分人		评分	

1. 强仔肚子疼的原因有可能是什么?

2. 如何对不同材质的玩具进行清洁和消毒?

玩具种类有很多种,有木制玩具、塑料玩具、毛绒玩具、电子玩具、金属玩具、沙子等,针对不同材质的玩具所选择的清洁方式也_____

（1）木制玩具	耐湿耐热、不易褪色的木制玩具,可以使用热水清洗。在热水中加入清洗剂,将玩具浸泡_____分钟后,捞出冲洗干净,然后再置于_____下晒干。 如果玩具的材质容易褪色,则不需要清洗,在太阳下暴晒杀菌即可。除此之外,也可以用_____擦拭玩具,然后再放在太阳下晾晒
（2）塑料玩具	将玩具放入_____内,浸泡半小时左右,然后用刷子刷洗脏污部分,最后用清水冲洗干净后在阳光下晾晒
（3）毛绒玩具	清洗前,将玩具的填充缝口剪断,将填充物取出,然后再放入洗衣机内清洗,取出的填充物可放在_____下暴晒,玩具晒干后再把填充物复原并缝好缝口。这样做虽然麻烦,但可以防止填充物霉变,且用这样的方法清洗消毒,还能及时把那些"黑心棉"的毛绒玩具清理出去
（4）电子玩具	电子类玩具比较精密,不能用水泡洗,可先用_____进行擦拭,注意擦拭前要将_____取下,缝隙处用棉签或者是牙签进行清洁,之后再使用干净的毛巾蘸清水进行擦拭
（5）金属玩具	不易生锈的材质:可使用_____烫洗 容易生锈的材质:可用专用_____将灰尘擦净后,再置于太阳下暴晒
（6）沙子	沙子一般要每隔_____天置于太阳下暴晒一次。晒沙子时要注意翻搅,尽量让所有沙子都能晒到太阳

工作表单 3 如表 6-11 所示。

表 6-11

工作表单 3	玩具清洁和消毒的原则	姓名		班级	
		评分人		评分	

小组讨论，玩具清洁和消毒的原则有哪些?

（1）新旧玩具都要_____后才能使用。新玩具在生产过程中沾染细菌与病菌的机会也非常多，清洁和消毒才会使婴幼儿玩得更安全。

（2）选择婴幼儿专用的清洁消毒剂。专用的清洁消毒剂，可以减少对婴幼儿的_____和皮肤产生不良的刺激。

（3）清洗消毒后用_____的清水冲洗玩具。清水冲洗玩具，可以减少消毒剂在玩具表面的残留，清洗后最好将玩具晾晒风干。

（4）用_____抹布擦拭玩具。

4.反思评价

（1）作为婴幼儿照护者，该如何指导家长做好玩具的清洁和消毒工作？

（2）请你对本次任务进行评价，填写表6-12。

表6-12

评价内容	自　评
课堂活动参与度	☆☆☆☆☆
小组活动贡献度	☆☆☆☆☆
学习内容接受度	☆☆☆☆☆

5.学习支持

玩具是婴幼儿日常生活中必不可少的"好伙伴"，调查显示，6岁以下的婴幼儿有近一半的时间，也就是1.5万个小时左右是和玩具一起渡过的。可以说，玩具是婴幼儿的亲密伴侣。但是，婴幼儿在玩耍时，常常喜欢把玩具放在地上，或是随处乱扔。这样，玩具就很可能受到各种细菌、病毒的污染。处在口腔敏感期的婴幼儿，还会经常啃咬玩具，这让家长很不放心。如何对玩具进行消毒？有不少家长步入过误区，把塑料玩具放进消毒锅里煮，结果玩具变形了。那么，有什么简单易行的方法对玩具进行消毒呢？

1）给玩具消毒是有必要的，但没必要做得太频繁

虽然玩具上面有细菌，但不是所有细菌都有害，除非细菌能够入侵细胞，否则，并不会影响人的健康。只有在抵抗力较弱时，细菌才可能入侵细胞。

2）给玩具消毒，要根据玩具的类别来实施

对于毛绒玩具，消毒方法很简单。准备一袋粗盐、一个塑料袋，把脏了的毛绒玩具放进塑料袋中，放入适量的粗盐、热水，然后把塑料袋的口系住，使劲摇晃。几分钟后，玩具就干净了，而袋中的盐粒已经变黑了。这种方法适用于不同长短的毛绒玩具，还可以把盐倒在玩具比较脏的地方用力搓，清洁效果不错。

对于耐热的木制玩具和不易生锈的金属玩具，用开水浸烫即可。

对于容易生锈的铁质玩具，只要擦干放在阳光下暴晒 6 小时，就可以达到杀菌消毒的效果。

对于布制玩具，先用肥皂水浸泡，再用清水冲洗干净，然后放在阳光下晒干。

对于橡胶、塑料玩具，可以用水洗，水是中性物质，70%～80% 的细菌都可以用水冲洗掉（适用于无电路玩具）。如果不放心，可用肥皂水、漂白水稀释后浸泡一段时间，再用清水冲洗干净，最后用抹布擦干即可。

对于智能电动毛绒玩具，湿布拧干擦拭玩具表面后晾干即可，不要直接用水清洗，因为产品里面是带有电子机芯的。

3）保持室内清洁

保持室内清洁，尽量少落灰尘，勤用干净、干燥、柔软的工具打扫玩具表面。

4）选择玩具需要注意的事项

每个婴幼儿都会有或多或少的玩具，玩得时间长了就会沾染致病菌，成为引起婴幼儿患病的一个重要原因。所以，为了婴幼儿的健康，当家长为婴幼儿选择玩具时，请注意以下几点。

（1）不符合婴幼儿年龄特点的玩具不宜购买。

（2）不利于促进婴幼儿大脑发育的玩具不宜购买。

（3）不卫生的玩具不宜购买。

（4）不便于消毒的玩具不宜购买。

（5）不安全的玩具不宜购买，玩具应符合安全要求。

任务四 帮助木木奶奶清洁和消毒奶具

1. 情境描述

木木快六个月了，因为爸爸妈妈上班比较忙，于是爸爸把奶奶从乡下接来照顾木木。木木每天的饮食都以喝奶为主，每天都需要对奶瓶进行清洁。虽然木木妈妈已经教过奶奶奶具清洁和消毒的具体步骤，可年纪大的奶奶并没有记住这些步骤，她觉得奶瓶只要用水冲干净就可以了，何必那么麻烦呢？奶奶常常用自来水简单冲洗奶瓶，然后把奶嘴拧上，直接就给木木冲奶粉了。有时候木木一瓶奶没喝完，奶奶觉得扔了可惜，就留到下一次再给木木继续喝，等到反复用了好几次之后才冲刷奶瓶。

木木每次喝奶的时候都喜欢咬奶嘴，原来圆孔的奶嘴没多长时间就被咬出一个窟窿，奶奶觉得新买一个奶嘴浪费，又把之前使用过的奶嘴换上了。

问题：

（1）结合案例，说一说奶奶的做法有哪些不科学的地方。奶瓶与奶嘴的更换有什么要求？如何选择奶瓶与奶嘴呢？（完成工作表单1）

（2）请你帮助奶奶了解奶具消毒的重要性，并指导她学会奶具清洁与消毒的具体步骤。（完成工作表单2）

（3）常用的高温消毒法又可分为沸煮法和蒸汽法，请分别说明这两种高温消毒法的操作步骤。（完成工作表单3）

2. 任务目标

（1）能说出奶具清洁的方法及间隔时间。

（2）能正确清洁婴幼儿的奶具。

（3）了解奶具清洁与消毒的重要性。

（4）了解奶瓶与奶嘴的选择与更换。

3. 工作表单

工作表单 1 如表 6-13 所示。

表 6-13

工作表单 1	奶瓶与奶嘴的选择与更换	姓名		班级	
		评分人		评分	

1. 结合案例，说一说奶奶的做法有哪些不科学的地方？

奶奶做得不科学的地方有_____

_____

_____。

2. 奶瓶与奶嘴的更换有什么要求？

3. 如何选择奶瓶与奶嘴呢？

工作表单2如表6-14所示。

表6-14

工作表单2	奶具的清洁与消毒	姓名		班级	
		评分人		评分	

1. 请你帮助奶奶了解奶具消毒的重要性，并指导她进行奶具的清洁与消毒。

奶具消毒的重要性：

婴幼儿身体免疫系统尚未发育成熟，容易受病菌感染。病菌可经由_____传播，因此必须做好奶具的清洁与消毒工作。

2. 奶具的清洁与消毒步骤如下。

（1）清洁双手
清洗奶具前须先清洁双手，以免双手把更多的细菌带到奶具上。

（2）倒掉残奶
倒掉奶具里的_____，并将奶瓶、奶嘴及配件_____。

（3）冲洗 + 刷洗
用_____的清水冲洗干净，需要特别留意清洗奶嘴孔，并用水冲过孔洞，确保没有食物残留。

（4）高温消毒
结合实际选择_____消毒或_____消毒。

工作表单 3 如表 6-15 所示。

表 6-15

工作表单 3	沸煮法与蒸汽法	姓名		班级	
		评分人		评分	

常用的高温消毒法又可分为沸煮法和蒸汽法，请分别说明这两种高温消毒法的操作步骤

沸煮法：

准备不锈钢煮锅，装入_____，水的深度要能_____覆盖所有已经清洁过的奶具，注意不锈钢锅须为消毒奶瓶专用，不可与家中的其他烹饪用具混用。

（1）玻璃奶瓶：玻璃奶瓶与冷水一起放入锅中，烧开后_____分钟再放入奶嘴、奶盖等塑胶制品，盖上锅盖再煮_____分钟后关火，等到水微凉后，用消毒过的_____夹起所有的奶具，并置于干净通风处，倒扣沥干。

（2）塑胶奶瓶：等水烧开之后将奶瓶、奶嘴、_____一起放入锅中消毒，煮_____分钟即可，之后用消毒过的奶瓶夹夹起所有的奶具，并置于干净通风处，倒扣沥干。

（3）注意：_____奶具不宜煮久，建议在水开后再放入，煮 3～5 分钟即可。也可根据奶瓶上的耐温标识予以操作，如果不耐高温，可以使用蒸汽锅进行消毒。

蒸汽法：

（1）使用蒸汽锅消毒前，先将所有奶瓶、奶嘴、奶盖等物品彻底清洗干净，然后再一起放入，按照蒸汽锅说明书正确操作使用。

（2）消毒完成后，应将留在奶具内的水彻底倒净，_____沥干，盖上纱布或者置于通风干净处放凉备用。

注：若消毒 24 小时后没有使用奶瓶，需要重新进行一次消毒工作，以免细菌滋生

4. 反思评价

（1）日常生活中，除了奶瓶之外，对于婴幼儿其他餐具的清洁与消毒有什么要求？

_____

_____

_____

（2）请你对本次任务进行评价，填写表 6-16。

表 6-16

评价内容	自　评
课堂活动参与度	☆ ☆ ☆ ☆ ☆
小组活动贡献度	☆ ☆ ☆ ☆ ☆
学习内容接受度	☆ ☆ ☆ ☆ ☆

5. 学习支持

奶具通常指奶瓶、奶嘴、奶瓶刷、奶锅、消毒用的蒸锅等。在为婴幼儿购买每种奶具用品时，除了注重品质，还要根据婴幼儿的使用需要。

1）奶瓶

（1）奶瓶的材质。

奶瓶的材质决定婴幼儿喂奶的安全性。现在市面上的奶瓶除玻璃材质的之外，还有塑料材质的，塑料材质又有 PC、PP、PES、PPSU 等。

PC（聚碳酸酯）：最为传统的就是 PC 材质的瓶身，但 PC 材质在高温下会释放有毒物质双酚 A（BPA），双酚 A 能加速性早熟，或造成孩童多动及注意力散漫甚至致癌等，所以很多品牌的奶瓶都已不使用这种材质，还会标上 BPA-Free 的字样。

PP（聚丙烯）：现在市面上大部分奶瓶瓶身都是 PP 材质的，到目前为止未发现这种材质对人体有害，很安全。其缺点是易碎、透明度欠佳。

PES（聚醚砜树脂）：PES 材质被认为比 PP 材质更安全，除了具有 PC 奶瓶的优点外，它还具有更优良的耐热性，180℃以下冲泡加热或蒸汽消毒不会产生化学毒素。

PPSU（聚亚苯基砜树脂）：更新型的材质，性能和 PES 材质类似，具有高强度、高耐热不变形、高化学稳定性等优点，价格上贵些，但性能安全，是许多妈妈的选择。

玻璃：玻璃奶瓶最大特点就是强度不够、易碎、重，但是安全性高，清洗方便，如果不摔坏，使用寿命长，这些品质均优于塑料奶瓶。

所以最佳推荐是：在婴幼儿半岁前，由于不会自己拿奶瓶喝奶，由大人喂养，使用玻璃奶瓶；到婴幼儿开始自己拿奶瓶的时候，就换成非玻璃材质的奶瓶。

（2）奶瓶的容量。

同样材质的奶瓶，容量有大有小。小到 60mL，大到 240mL。对于婴幼儿来说，一般前几日的单次奶量为 30～50mL，之后的一段时间单次奶量为 60～80mL，满月后单次奶量为 100～120mL。所以，对于婴幼儿来说，120mL 的容量就足够满足其喝奶的需求了。大概在婴幼儿 6 个月以后，120mL 奶瓶会有点无法满足其需要了，此时可以根据婴幼儿实际需要更换为 200～240mL 的奶瓶。

大容量的奶瓶，由于瓶内水压增大，会使奶水流速加快，容易呛奶，喂养时应特别注意。

2）奶嘴

奶嘴是奶瓶的重要组成部分，平均 3 个月应更换一次。奶嘴的选择直接决定了婴幼儿会不会接受这个奶瓶。目前市场上的奶嘴大多用硅胶制成，也有一部分用橡胶制成。相比之下，硅胶奶嘴更接近母亲的乳头，软硬适中，且可促进婴幼儿唾液分泌，帮助上下颚、脸部肌肉的发育，婴幼儿比较容易接受，且硅胶奶嘴没有异味，老化周期较长，不容易腐蚀。除了奶嘴的形状不同，还有开口也不一样，应该根据婴幼儿的月龄来选择奶嘴的开口。婴幼儿在不同月龄阶，吸吮奶的力量和方式是不一样的，对奶瓶出奶量和出奶速度的要求也不一样。圆孔的奶嘴适合刚出生的婴幼儿，奶水能够自动流出，且流量较少；十字孔奶嘴适合 3 个月以上的婴幼儿，能够根据婴幼儿吸吮力量调节奶量，流量较大；Y 字孔奶嘴奶流量比较稳定，适合可控制吸奶量，喜欢边喝边玩的婴幼儿，且 Y 字孔不像十字孔那么容易断裂。

3）奶瓶刷

奶瓶刷一般在购买奶瓶时会附送一套，包括一个大瓶刷和一个小奶嘴刷。每次刷洗完奶瓶后应挂起晾干，消毒奶瓶时也应一起消毒。但这有可能使刷子加快老化。

4）奶锅

奶锅不宜过大，以每次能煮 1.5kg 的牛奶为宜。可挑选不锈钢锅或小铝锅，最好是那种带一个长柄且锅边有个小豁嘴的奶锅，便于往奶瓶里倒奶。奶锅应为婴幼儿煮奶专用，每次用完及时刷洗干净。

常用消毒法如表 6-17 所示。

表 6-17

物理消毒法	煮沸消毒法	适用范围：餐具、服装、被单等耐湿、耐热物品的消毒
		操作方法及注意事项：锅内的水应将物品全部淹没，并盖上盖子，当水沸时开始计时，持续 15～30 分钟。计时后不得再新加入物品，否则持续加热的时间应从重新加入物品再次煮沸时算起。亦可用 0.5% 的肥皂水或 1% 的碳酸钠溶液代替清水，以增强消毒效果
	日光暴晒法	适用范围：被褥、床垫、毛毯、书籍等物品
		操作方法及注意事项：日光由其热、干燥和紫外线作用，具有一定的杀菌力。将被褥、床垫、毛毯、书籍等物品放在直射日光下，曝晒 6 小时，定时翻动，使物体各表面均受到日光照射

（续表）

化学消毒法	消毒剂溶液浸泡消毒法	适用范围：餐具、服装、被污染的生活用品等的消毒
		操作方法及注意事项：消毒剂溶液应将物品全部浸没，作用至规定时间后取出，用清水冲净、晾干
	消毒剂溶液擦拭消毒法	适用范围：家具表面的消毒
		操作方法及注意事项：用布浸消毒溶液，依次往复擦拭被消毒物品表面，静置 10～20 分钟。必要时，再作用至规定时间后，用清水擦拭以减轻可能引起的腐蚀作用

四、模块测试

（一）理论知识部分

1. 填空题

（1）清洁是指用_____方法清除物体表面污垢、尘埃和_____，以除去和减少微生物数量的过程。

（2）消毒是指用_____或_____方法消除或杀灭_____以外的所有病原微生物。

（3）灭菌是指用物理或化学方法去除或杀灭全部微生物的过程，包括_____和_____微生物，也包括_____和_____。

（4）物理消毒法主要包括机械消毒、煮沸消毒、_____、日晒消毒、_____等。

（5）化学消毒法是指利用化学物品进行消毒的一种方法。常用的化学药品有乙醇、_____、碘酒、消毒剂、_____等。

（6）奶具每次用后都要清洁与消毒，消毒后的奶具超过_____小时未使用，再次使用前要重新消毒。

（7）不同玩具的清洁方式_____。

（8）清洗婴幼儿衣物最好选用婴幼儿专用洗衣液或洗衣皂，因其不含_____、_____等化学成分，洗涤后衣服化学成分残留少，有利于婴幼儿的皮肤健康。

（9）婴幼儿的餐具清洗后要进行消毒，常见的餐具消毒法是_____、_____和_____。

（10）衣柜清洁：应避免使用易损伤木头的_____、清洁剂等刺激性及腐蚀性的化学物品；平时以干净的抹布擦拭，若有脏污，可酌量使用_____或_____，用湿布进行擦拭。

（11）婴幼儿房间布置要以_____和_____为主。

（12）新旧玩具都要_____后才能使用。新玩具在生产过程中沾染细菌与病菌的机会也非常多，清洁消毒才会让婴幼儿玩得更安全。

（13）婴幼儿身体免疫系统尚未发育成熟，容易受病菌感染。病菌可经由_____传播，因此必须做好奶具的清洁与消毒工作。

（二）技能操作部分

1. 餐具的清洁与消毒的实施条件

请你结合本模块所学知识，完成婴幼儿餐具的清洁与消毒。餐具的清洁与消毒的实施条件和要求如表 6-18 所示。

表 6-18

名称	实施条件	要求
实施环境	（1）模拟房间；（2）理实一体化多媒体教室；（3）无线网络	干净、整洁、安全、温湿度适宜
设施设备	煤气灶或者电磁炉	完好无损
物品准备	（1）不锈钢煮锅；（2）玻璃奶瓶；（3）奶嘴；（4）瓶盖；（5）塑胶奶瓶；（6）奶瓶夹；（7）奶瓶刷	工作服、帽子、口罩、发网、挂表（照护者自备）
人员准备	照护者具备进行婴幼儿餐具清洁和消毒的技能和相关知识	照护者着装整齐，洗手，剪指甲

2. 餐具清洁与消毒的考核标准

该项操作的评分标准包含评估、计划、实施、评价四个方面的内容，总分为100分。测试时间25分钟，其中环境和物品准备5分钟，操作20分钟。餐具清洁与消毒的考核标准如表 6-19 所示。

表 6-19

考核内容		考核点	分值	评分要求	扣分	得分	备注
评估 （15分）	环境	评估环境是否安全，有无易燃易爆物品	5	未评估扣5分，不完整扣1～2分			
	照护者	着装整齐，洗手	5	未洗手扣5分，着装不整齐扣1～2分			
	物品	物品准备齐全（不锈钢煮锅、玻璃奶瓶、奶嘴、瓶盖、塑胶奶瓶、奶瓶夹、奶瓶刷）	5	少一个扣0.6分			
计划 （5分）	口述目标	1. 餐具清洁干净 2. 餐具无损坏	5	未口述扣5分，口述不正确扣1～4分			
实施 （60分）	餐具清洁	1. 在不锈钢煮锅中装入冷水	5	未操作扣5分，操作不当扣1～4分			
		2. 用奶瓶刷刷洗奶瓶、奶嘴、奶瓶盖	5	未操作扣5分，操作不当扣1～4分			
		3. 将玻璃奶瓶放入锅中	5	未操作扣5分，操作不当扣1～4分			
		4. 水烧开后5～10分钟放入奶瓶、奶嘴、瓶盖等塑胶制品	10	未操作扣10分，操作不当扣1～8分			
		5. 盖上锅盖煮3～5分钟后关火	10	未操作扣10分，操作不当扣1～8分			
		6. 用消毒过的奶瓶夹取出奶嘴、瓶盖	5	未操作扣5分，操作不当扣1～4分			
		7. 将奶嘴、瓶盖置于奶瓶架沥干水分	5	未操作扣5分，操作不当扣1～4分			
		8. 将奶嘴、奶瓶盖套回奶瓶备用	5	未操作扣5分，操作不当扣1～4分			

（续表）

考核内容		考核点	分值	评分要求	扣分	得分	备注
实施 （60分）	整理 记录	1. 整理物品	4	未整理扣4分，整理不到位扣1~3分			
		2. 洗手	4	未洗手扣4分，洗手不到位扣1~3分			
		3. 记录	2	未记录扣2分，记录不规范扣1~2分			
评价（20分）		1. 操作熟练，程序清晰，在规定时间内完成	6				
		2. 餐具清洁干净	7				
		3. 餐具无损坏	7				
总分			100				

模块七　婴幼儿出行安全照料

一、模块概述

　　婴幼儿的健康成长需要来自各方面的支持，其中，到户外接近大自然并尽情探索、到户外与人沟通交往都是促进婴幼儿身心健康发展的必要方式。但是，户外环境充满着未知性和不可控制性，而婴幼儿自我保护能力差，照护者需要做好婴幼儿出行的安全保障措施，规避婴幼儿外出时被伤害的风险。

　　本模块重点学习婴幼儿出行安全常识、出行衣物的选择、出行护理用品的选择、安全座椅的使用方法、童车的使用方法等内容。

二、知识点与技能点

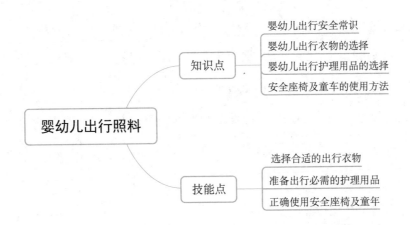

三、工作任务

任务一　西西的公交车之旅

1. 情境描述

春暖花开，妈妈打算带着 2 岁的西西乘坐公交车去植物园看樱花。妈妈牵着西西的手走出小区，公交车站就在马路对面。妈妈看到她们要乘坐的公交车正好驶进站台，绿灯还有 5 秒时间，妈妈着急地牵着西西的手准备过马路。交通协管员制止了妈妈，并提醒她等待下一个绿灯再过马路。

妈妈和西西上了公交车之后，西西在座位上开始爬上爬下，一会扶着椅背站起来，一会趴在座位上。旁边的乘客提醒西西妈妈，要抱着孩子，注意小朋友的安全。妈妈却说："没事的，小孩子好奇，爱探索。"正说着，公交车突然刹车，西西差一点从座位上摔下来，妈妈赶紧拽住了他。

问题：

（1）结合案例，请你说一说妈妈带西西过马路时有哪些做法是不合适的，为什么？带婴幼儿过马路和外出步行时需要注意些什么？（完成工作表单 1）

（2）结合案例，说一说婴幼儿乘坐公交车应注意哪些事项。婴幼儿外出还有可能乘坐哪些交通工具？分别有哪些注意事项呢？（完成工作表单 2）

（3）面对西西的好奇心，如果你是西西妈妈，你会怎么处理呢？婴幼儿的出行安全教育包括哪些内容？（完成工作表单 3）

2. 任务目标

（1）掌握婴幼儿出行时的安全常识。

（2）能列出婴幼儿出行的常见安全隐患。

（3）能对婴幼儿进行出行安全教育。

（4）能在照护中关心和爱护婴幼儿。

3. 工作表单

工作表单1如表7-1所示。

表7-1

工作表单1	过马路与步行的注意事项	姓名		班级	
		评分人		评分	

1. 结合案例，请你说一说妈妈带西西过马路时有哪些做法是不合适的，为什么？

我认为西西的妈妈做得不合适的地方是＿＿＿＿＿＿＿＿＿＿＿＿

＿＿＿＿＿＿＿＿＿＿＿＿＿＿＿＿＿＿＿＿＿＿＿＿＿＿

＿＿＿＿＿＿＿＿＿＿＿＿＿＿＿＿＿＿＿＿＿＿＿＿＿＿，

因为＿＿＿＿＿＿＿＿＿＿＿＿＿＿＿＿＿＿＿＿＿＿＿＿

＿＿＿＿＿＿＿＿＿＿＿＿＿＿＿＿＿＿＿＿＿＿＿＿＿＿

＿＿＿＿＿＿＿＿＿＿＿＿＿＿＿＿＿＿＿＿＿＿＿＿＿＿。

2. 带婴幼儿过马路和外出步行时需要注意些什么？

带婴幼儿过马路要注意的事项是：＿＿＿＿＿＿＿＿＿＿＿＿

＿＿＿＿＿＿＿＿＿＿＿＿＿＿＿＿＿＿＿＿＿＿＿＿＿＿。

带婴幼儿外出步行时的注意事项分别是：首先，＿＿＿＿＿＿

＿＿＿＿＿＿＿＿＿＿＿＿＿＿＿＿＿＿＿＿＿＿＿＿＿＿。

其次，＿＿＿＿＿＿＿＿＿＿＿＿＿＿＿＿＿＿＿＿＿＿＿＿

＿＿＿＿＿＿＿＿＿＿＿＿＿＿＿＿＿＿＿＿＿＿＿＿＿＿

＿＿＿＿＿＿＿＿＿＿＿＿＿＿＿＿＿＿＿＿＿＿＿＿＿＿。

工作表单 2 如表 7-2 所示。

表 7-2

工作表单 2	乘坐交通工具的注意事项	姓名		班级	
		评分人		评分	

1.结合案例，说一说婴幼儿乘坐公交车应注意哪些事项。

带婴幼儿乘坐公交车应注意以下几点：候车时，＿＿＿＿＿＿＿＿＿＿＿＿＿＿＿＿；在车上时，＿＿＿＿＿＿＿＿＿＿＿＿；下车时，＿＿＿＿＿＿＿＿＿＿＿＿。

2.婴幼儿外出还有可能乘坐哪些交通工具？分别有哪些注意事项呢?

带婴幼儿乘坐飞机的注意事项：在选择位置时，＿＿＿＿＿＿＿＿＿＿＿＿；在起飞和降落时，＿＿＿＿＿＿＿＿＿＿＿＿＿＿。

带婴幼儿乘坐火车/高铁的注意事项：在选择出行时间时，＿＿＿＿＿＿＿＿＿＿＿＿；在选择位置时，＿＿＿＿＿＿＿＿＿＿＿＿＿；在火车行驶过程中，＿＿。

带婴幼儿乘坐私家车的注意事项：选择带有＿＿＿＿＿＿的车型，并在车身显眼位置张贴＿＿＿＿＿＿的标志。严禁婴幼儿坐在＿＿＿＿＿＿，车内后排最好安装专门的＿＿＿＿＿＿。

工作表单 3 如表 7-3 所示。

表 7-3

| 工作表单 3 | 婴幼儿出行安全教育 | 姓名 | | 班级 | |
| | | 评分人 | | 评分 | |

1. 面对西西的好奇，如果你是西西妈妈，你会怎么处理呢？

如果我是西西的妈妈，对于西西的好奇心，我会_____

_____

_____

_____ 。

2. 带婴幼儿出行应对婴幼儿进行哪些安全教育？

① _____

_____ 。

② _____

_____ 。

③ _____

_____ 。

4. 反思评价

（1）在婴幼儿出行照护中，应注意哪些安全隐患？

_____

_____

_____

（2）请对本次任务进行评价，填写表 7-4。

表 7-4

评价内容	自　评
课堂活动参与度	☆ ☆ ☆ ☆ ☆
小组活动贡献度	☆ ☆ ☆ ☆ ☆
学习内容接受度	☆ ☆ ☆ ☆ ☆

5. 学习支持

为了婴幼儿能安全出行，照护者需要了解出行的安全知识，排除安全隐患，对婴幼儿进行安全教育，培养婴幼儿的安全意识，为婴幼儿安全成长保驾护航。

1）乘坐不同交通工具的安全知识

（1）飞机。

3 岁以下婴幼儿乘坐飞机最好选择靠近机头的位置，因为该位置空气流通较好，呼吸顺畅，在选择座位时尽量选择靠近通道的。飞机在起飞和降落时可以让婴幼儿张开嘴巴或吃食物以保护婴幼儿的耳膜，但千万不要往婴幼儿耳朵里塞入纸团或棉花，以免引起航空性中耳炎。另外，在飞机起飞和降落时不要让婴幼儿进入睡眠状态，成人可采用逗笑婴幼儿、让其咀嚼食物等方式来缓解其不适。

（2）火车（包括地铁）。

婴幼儿乘坐火车时要选择合适的出行时间，应避开炎热和寒冷的季节。夏季婴幼儿乘坐火车时要拉上窗帘。选择硬座时，照护者需怀抱婴幼儿，使其头朝里脚朝外，避免磕碰；选择卧铺时，婴幼儿最好头朝外睡眠，因为人行通道空气流通性较好。在火车行驶中，照护者必须注意不能让婴幼儿脱离视线，不要让婴幼儿在车厢奔跑或独自去卫生间等，避免意外伤害和被人拐骗。照护者还要教育婴幼儿，如果找不到照护者，立刻求助火车上的工作人员。

（3）公共汽车。

候车时，照护者和婴幼儿要在站台或指定地点等待，待车停稳后，遵守先下后上的规则。在车上，照护者带着婴幼儿尽量选择靠前的位置，因为靠前的座位在车辆行驶时相对平稳。车辆行驶中照护者不能让婴幼儿来回跑动或大声吵闹，在欣赏窗外景色时提醒婴幼儿不要把头和手伸出窗外，以免发生意外。

（4）私家车。

首先，最好选择有儿童锁的车型，车身贴上"车内有婴幼儿"的标志，车内不要有过多的挂饰以免脱落伤人；其次，严禁婴幼儿坐在副驾驶位置，要使用专用的安全座椅坐在后排。如果行驶时间较长，照护者要观察婴幼儿是否疲倦，注意及时休息。

2）婴幼儿出行的安全隐患

首先，考虑天气因素。如途中天气骤然变化，或遇极端天气，要采取必要措施保证婴幼儿安全。其次，预判乘坐交通工具的不安全因素。再次，应关注婴幼儿出行时的情绪和生理需要。如候机时间过长，要调节好婴幼儿的情绪。乘坐飞机、火车、地铁、私家车时等要处理好婴幼儿大小便事宜；长时间乘坐交通工具要为婴幼儿准备玩具和零食，避免旅途单调引起婴幼儿的哭闹。无论乘坐哪种交通工具，照护者都要避免让婴幼儿独自乘坐，不能让婴幼儿单独留在车内。

3）婴幼儿出行安全教育

婴幼儿出行前，照护者要教会他们辨识交通标志并了解其含义，比如红灯停绿灯行，遇到黄灯停一停。出行时婴幼儿需在照护者陪同下外出，在没有人行道的地方不钻栅栏、抄近路，在人行道上要靠右行走。在十字路口过马路时，建议照护者抱着5岁以下婴幼儿走天桥或地下通道。在没有红绿灯的路口，过马路时要听从工作人员指挥，走斑马线时快速通过。即使推着婴童车也应该怀抱婴幼儿，因为在意外发生时童车中的婴幼儿容易受伤。在行进中遇到特殊车辆，如警车、消防车、工程车等在执行任务时，要注意避让绕行。

婴幼儿出行安全教育需要家庭、早教机构、社会三方共同发力，形成教育共同体才能保证婴幼儿的安全。

（1）潜移默化培养安全意识。

监护人（或照护者）带婴幼儿出行时可用唱儿歌的方式讲解出行安全知识，教会婴幼儿辨认不同的车辆，认识警察、工作人员等，在家陪同婴幼儿观看相应动画片、绘本，让婴幼儿初步了解安全知识，逐渐树立安全意识。早教机构可以在环境创设中融入出行安全元素，或者在教育活动中利用信息化技术模拟安全出行。对于以上种种手段，应化抽象为具体，降低婴幼儿理解难度，便于婴幼儿学习安全知识。

（2）以身作则示范安全行为。

监护人（或照护者）在带婴幼儿出行时要率先垂范，不翻栅栏，不抢黄灯，不闯红灯，不在人行道上嬉戏打闹，和众人外出时跟好队伍不独自行走，在没有红绿灯的路口注意和车辆保持安全距离等。

（3）情景模拟巩固教育效果。

家长和早教机构可以通过亲子活动开展安全出行教育活动，认识机动车道、非机动车道、人行横道的标志，模拟看信号灯过十字路口。进行实地情景模拟，让有的婴幼儿装扮成骑车人员、老年人等过马路，让有的婴幼儿体验交警的职业角色，探讨怎么才能安全出行，提升他们的安全意识。

任务二　婴幼儿出行衣物的选择与准备

1. 情境描述

爸爸在家独自照顾 2 岁的可可，夏季天气炎热，爸爸打算带可可到附近的乡村游玩。这不，爸爸让可可穿上漂亮的公主裙和小凉鞋就愉快地出发了。因为天气炎热，爸爸还给可可戴上了太阳帽。到了乡下，可可对一切事物都很好奇，一会儿追小鸡，一会儿在小河边玩水。不一会儿，裙子湿了，可是爸爸却没有给可可带多余的衣服。漂亮的小凉鞋也开始磨脚，可可一直喊着脚疼，爸爸急得直挠头。傍晚，天气变得凉爽，又突然下起了雷阵雨，气温明显降低，西西的裙子湿了，冷得直哆嗦，爸爸后悔着没有带长衣长裤。本来开心的旅行，却让可可回来之后就感冒了。

问题：

（1）结合案例，爸爸带可可外出游玩过程中，做得好的地方有哪些？疏漏的地方有哪些？他应该怎样合理地选择可可的出行衣物？（完成工作表单 1）

（2）在选择婴幼儿春、秋、冬季出行衣物时应分别注意哪些事项？（完成工作表单 2）

2. 任务目标

（1）能说出婴幼儿出行衣物选择的意义。

（2）能说出婴幼儿出行衣物选择的原则。

（3）能选出合适的婴幼儿出行衣物。

（4）能在照护中关心和爱护婴幼儿。

3. 工作表单

工作表单 1 如表 7-5 所示。

表7-5

工作表单 1	外出游玩的衣物选择	姓名		班级	
		评分人		评分	

1.结合案例，爸爸带可可外出游玩过程中，做得好的地方有哪些？疏漏的地方有哪些？

（1）案例中爸爸做得好的地方是：＿＿＿＿＿＿＿＿＿＿＿＿＿＿＿＿＿＿＿＿

＿＿＿＿＿＿＿＿＿＿＿＿＿＿＿＿＿＿＿＿＿＿＿＿＿＿＿＿＿＿＿＿。

（2）疏漏的地方是：＿＿＿＿＿＿＿＿＿＿＿＿＿＿＿＿＿＿＿＿＿＿＿＿

＿＿＿＿＿＿＿＿＿＿＿＿＿＿＿＿＿＿＿＿＿＿＿＿＿＿＿＿＿＿＿＿。

2.夏季出行时，选择婴幼儿出行衣物应该注意以下事项。

（1）婴幼儿的衣服应以轻薄透气的＿＿＿＿＿＿（A.棉麻，B.涤纶）材质为主，款式简单舒适即可。

（2）不要选择＿＿＿＿＿＿，要宽松舒适便于运动。对于女孩来说，裙子的长度要＿＿＿＿＿＿，太长容易被裙角绊倒造成伤害。衣服上的水钻、铆钉、亮片等装饰物不要＿＿＿＿＿＿，容易被婴幼儿误食。

（3）在鞋子的选择上，最好选择能包住脚趾、鞋底柔软的＿＿＿＿＿＿或者＿＿＿＿＿＿，＿＿＿＿＿＿安全系数不高，不建议穿。

（4）婴幼儿出行需穿薄棉袜，因为婴幼儿肌肤＿＿＿＿＿＿比较差，既干净卫生又避免婴幼儿脚底着凉。选择时翻过袜子不能有＿＿＿＿＿＿，防止勾脚趾；注意袜口的宽度，不能勒着婴幼儿的脚踝；袜子的长度稍长即可，太长和太短都容易阻碍脚的生长。

（5）夏季天气变化多端，在准备婴幼儿出行衣物时，还应该考虑婴幼儿的活动与身体状况、＿＿＿＿＿＿变化情况、不同地点的＿＿＿＿＿＿变化等。案例中，爸爸还应该带上＿＿＿＿＿＿＿＿＿。

工作表单 2 如表 7-6 所示。

表 7-6

工作表单 2	不同季节出行的衣物选择	姓名		班级	
		评分人		评分	

在选择婴幼儿春、秋、冬季出行衣物时应分别注意哪些事项?

（1）春季
由于春季昼夜温差较大，所以婴幼儿出行衣服要_____，保护心、胸、背、腹、脚。出行时裤子要稍微_____些，因为婴幼儿腿部肌肉和血管对体温的调节能力欠佳，容易感冒和感染。婴幼儿在春季出行时需随时多准备一件衣服，便于随着温度变化_____。

（2）秋季
秋季婴幼儿出行时应选择棉麻面料的 T 恤衫，穿裙子时要增加_____、_____、_____等衣物，深秋时节还要增加_____等。

（3）冬季
冬季要注意保暖，婴幼儿上衣以_____、_____、_____为主，裤子以加绒_____、_____为佳，款式较为_____，简单便于穿脱。

4. 反思评价

（1）带婴幼儿外出游玩，尤其是时间较长时，除了要准备好衣物，还需要准备哪些物品？

_____

_____

_____

（2）请对本次任务进行评价，填写表 7-7。

表 7-7

评价内容	自　评
课堂活动参与度	☆ ☆ ☆ ☆ ☆
小组活动贡献度	☆ ☆ ☆ ☆ ☆
学习内容接受度	☆ ☆ ☆ ☆ ☆

5. 学习支持

1）帽子的选择

由于春秋两季冷暖、晴雨变化频繁，气温起伏较大。所以，春秋季节婴幼儿出行时，帽子的选择以美观保暖、遮阳防晒为主，材质以棉布、草编为佳。夏季气温普遍偏高，应选择帽檐宽大能遮住整张脸和脖颈的帽子，最大限度阻挡紫外线为宜，以颜色浅淡的布帽、草帽为主。如果出行时间较长，帽子需及时清洗，以免引起细菌感染。冬季气温普遍较低，可选绒帽、呢帽、棉帽、皮帽等，要注意保护婴幼儿的头部、耳朵、脸颊。另外，尽量不要戴连帽衫上的帽子，帽子上的细绳很容易造成意外。如果婴幼儿采用轮滑出行，或者经过容易落石区域，一定要佩戴安全头盔。

2）鞋子的选择

婴幼儿出行时，鞋子的选择应该以舒适和透气为准。选择的标准是：脚尖是宽圆头的；鞋帮面是由透气性好的天然皮革、棉质材料制成的；带子是魔术扣或扣环的；鞋后围住脚踝的上口包有软海绵，便于穿脱；鞋内垫以天然绒面皮革最佳，因为它具有吸湿排汗的性能，可以保持鞋内干爽。

3）袜子的选择

舒适的袜子会促进婴幼儿脚部发育。春、秋、冬季婴幼儿出行时，建议选择棉质的儿童袜，冬季还可以选择羊毛袜。夏季最好穿薄棉袜，既干净卫生又可避免婴幼儿脚底着凉。

任务三　选择茜茜出行护理用品时的小风波

1. 任务情境

妈妈打算带着茜茜去海边度假五天。妈妈制定了旅游攻略，准备好了茜茜的出行衣物和护理用品。她把能想到的一切护理用品都准备好了，比如毛巾、浴巾、儿童牙刷、牙膏及大瓶的沐浴露、洗发水、宝宝霜等，还特地带上了防晒霜、太阳镜、泳衣、沙滩垫等，连茜茜平时最喜欢的小鸭子玩偶都带上了。到了目的地，妈妈却发现，带的湿纸巾已经过期，蚊子咬得茜茜腿上都是红包，却找不到驱蚊液，止痒消炎药膏也没有带上。准备要返程的时候，茜茜的衣服没有晒干，只好湿着放进行李箱。

问题：

（1）结合案例，准备婴幼儿出行护理用品应遵循哪些原则？妈妈在准备出行护理用品的时候遵循或者违背了什么原则？在准备的时候还需带上哪些物品？（完成工作表单1）

（2）假如明年春天爸爸要带茜茜去山边游玩一周，又需要做好哪些准备呢？请你协助爸爸准备出行护理用品。（完成工作表单2）

2. 任务目标

（1）能说出婴幼儿出行护理用品选择的原则。

（2）能在出行前准备必要的护理用品。

（3）能在照护中关心和爱护婴幼儿。

3. 工作表单

工作表单1如表7-8所示。

表 7-8

工作表单 1	出行物品准备清单	姓名		班级	
		评分人		评分	

1. 结合案例,准备婴幼儿出行护理用品应遵循哪些原则? 妈妈在准备出行护理用品的时候遵循或者违背了什么原则?

携带婴幼儿出行护理用品应遵循的原则有:_____、_____、_____。

妈妈在准备出行护理用品的时候,遵循了_____,违背了

_____。

2. 在准备的时候还需带上哪些物品?

在准备的时候,还需带上:_____

_____

_____。

工作表单2如表7-9所示。

表7-9

工作表单2		准备山边游玩护理用品	姓名		班级	
			评分人		评分	
出行护理用品清单						
婴幼儿姓名			性别		年龄	
项目	类别	用品（打勾并在括号内标注数量）				补充
1	洗漱	儿童牙刷/牙膏（ ）、沐浴露（ ）、洗发水（ ）、毛巾（ ）、浴巾（ ）、专用盆（ ）、纸（湿）巾（ ）				
2	洗涤	婴幼儿洗涤肥皂（水）（ ）				
3	护肤	宝宝霜/乳（ ）、润唇膏（ ）、爽身粉（ ）、洗手液（ ）、花露水（ ）、防蚊水（ ）				
4	衣物	袜子（ ）、鞋子（ ）、帽子（ ）、衣服（ ）、睡衣（ ）、内衣（ ）、隔汗巾（ ）、围兜（ ）、雨衣（ ）、围巾（ ）、手套（ ）、扇子（ ）、纸尿裤（ ）、伞（ ）				
5	睡具	枕头（ ）、床单（ ）、睡袋（ ）、毯子（ ）、小被子（ ）				
6	娱乐	喜爱的玩具（ ）、绘本（ ）				
7	餐饮	奶瓶（ ）、勺子（ ）、筷子（ ）、奶粉（ ）、饼干（ ）、水果（ ）、辅食剪（ ）、水杯（ ）、餐具清洁剂（ ）				
8	药品	感冒药（ ）、肠胃药（ ）、退烧药（ ）、止痒消炎膏药（ ）、防过敏药（ ）、棉签（ ）				
9	出行	推车（ ）、童车（ ）、儿童安全座椅（ ）、婴幼儿背带（ ）				
10	收纳	行李箱（ ）、封口袋（ ）				
11	其他					

4. 反思评价

（1）有人认为准备婴幼儿出行护理用品细致且烦琐，婴幼儿的娱乐用品可以不带。你是怎么认为的呢？请你说明理由。

_____

_____

_____

（2）请对本次任务进行评价，填写表 7-10。

表 7-10

评价内容	自　评
课堂活动参与度	☆ ☆ ☆ ☆ ☆
小组活动贡献度	☆ ☆ ☆ ☆ ☆
学习内容接受度	☆ ☆ ☆ ☆ ☆

5. 学习支持

1）准备婴幼儿出行护理用品的原则

婴幼儿的皮肤较薄，体温调节能力、抵抗能力和适应能力较差，皮肤水分容易流失造成干裂；同时由于他们的皮肤渗透性强，容易受到细菌侵袭，因此出行前需认真准备护理用品以防感染。

（1）宽备窄用原则。

出行前照护者需充分考虑婴幼儿的生理特点、天气状态、行程安排及突发情况，充分准备出行护理用品才能安全出行，比如洗漱用品、洗涤用品、护肤用品、衣物、睡具、娱乐用品、餐饮食品、童车甚至药品等。出行中使用用品时一定要量体裁衣，不要浪费，尤其是一次性护理用品，以免陷入过早用完导致不够用的窘境。

（2）安全性原则。

对婴幼儿护理用品进行安全评估，不能使用具有安全风险的护理用品，其中包括已经过期的护理用品，已经用过的一次性护理物品，含有化学活性剂、防腐剂、香精、色素等化学成分的护理用品，以及没有标注"婴童用纸"的纸（湿）巾用品和香味过于浓烈的护肤用品等。

（3）方便携带原则。

可选择便携式水杯、餐具、压缩纸巾。毛巾、衣服等尽量晾干后携带，如果不能晾干则要做到干湿分离。洗护用品可以选择小型塑料瓶包装，然后装入收纳袋，分门别类地放入用品袋后，挤出袋子里的空气，以免爆裂。

2）出行护理用品分类

（1）洗漱类：儿童牙刷／牙膏、沐浴露、洗发水、毛巾、浴巾、专用盆、纸（湿）巾等。

（2）洗涤类：婴幼儿洗涤肥皂（水）等。

（3）护肤类：宝宝霜／乳、爽身粉、洗手液、花露水、防蚁水等。

（4）衣物类：袜子、鞋子、帽子、睡衣、内衣、雨衣、围巾、手套、扇子、纸尿裤、伞等。

（5）睡具类：枕头、床单、睡袋、毯子、小被子等。

（6）饮食类：奶瓶、勺子、筷子、奶粉、饼干、水果、辅食剪、水杯、餐具清洁剂等。

（7）药品类：感冒药、肠胃药、退烧药、止痒消炎膏药、防过敏药、棉签等。

（8）出行工具类：推车、童车、儿童安全座椅、婴幼儿背带等。

（9）收纳类：行李箱、封口袋等。

（10）特定类：海边玩耍需要太阳镜、泳衣、防晒霜、沙滩垫、游泳圈、饮用水等，冬天下雪出行需要带防寒用品等。

任务四　带好星星出行安全的"保护伞"

1. 情境描述

阳春三月，正是踏青的好季节。周末到了，星星一家决定自驾春游。为了确保出行安全，爸爸想要为 3 岁的西西重新购买合适的安全座椅。妈妈觉得安全座椅的价格很高，没有必要购买，在车上抱着孩子就可以了。而爸爸觉得给孩子购买安全座椅是很必要的一件事情。经过一番思想工作，妈妈也同意给星星购买安全座椅。商场里的安全座椅种类很多，有卧式的、后向式的、前向式的，还有可转换式的。经过多方对比和思考，最后他们购买了一款前向式的有 LATCH 接口的安全座椅，可以一直使用到孩子满 12 岁。

买好了安全座椅之后，妈妈打算把座椅安装在后排中间位置，爸爸觉得应该安装在驾驶室后面的座位上。

问题：

（1）结合案例，请你说说，爸爸妈妈对于使用安全座椅的态度有什么不同？你认为为婴幼儿购买安全座椅有必要吗？为什么？（完成工作表单 1）

（2）爸爸妈妈为星星选择的安全座椅是否合适？为什么？安全座椅的分类有哪些？作为照护者，应该如何为婴幼儿选择合适的安全座椅？（完成工作表单 2）

（3）关于座椅的安装，爸爸妈妈各有自己的观点，谁的观点正确呢？如何安装各种类型的安全座椅？使用安全座椅时应该注意什么？（完成工作表单 3）

2. 任务目标

（1）能正确选择安全座椅。

（2）能说出正确使用安全座椅的注意事项。

（3）能在照护中关心和爱护婴幼儿。

（4）明确使用安全座椅的重要性。

3. 工作表单

工作表单 1 如表 7-11 所示。

表 7-11

工作表单 1	安全座椅的必要性	姓名		班级	
		评分人		评分	

1. 结合案例，请你说说，爸爸妈妈对于使用安全座椅的态度有什么不同？

爸爸的观点是：＿＿＿＿＿＿＿＿＿＿＿＿＿＿＿＿＿＿＿＿＿＿＿＿＿＿＿＿＿＿＿

＿＿＿＿＿＿＿＿＿＿＿＿＿＿＿＿＿＿＿＿＿＿＿＿＿＿＿＿＿＿＿＿＿＿＿＿＿＿

妈妈的观点是：＿＿＿＿＿＿＿＿＿＿＿＿＿＿＿＿＿＿＿＿＿＿＿＿＿＿＿＿＿＿＿

＿＿＿＿＿＿＿＿＿＿＿＿＿＿＿＿＿＿＿＿＿＿＿＿＿＿＿＿＿＿＿＿＿＿＿＿＿＿

2. 你认为为婴幼儿购买安全座椅有必要吗？为什么？

我认为＿＿＿＿＿＿＿＿＿＿＿＿＿＿＿＿＿＿＿＿＿＿＿＿＿＿＿＿＿＿＿＿＿＿＿

＿＿＿＿＿＿＿＿＿＿＿＿＿＿＿＿＿＿＿＿＿＿＿＿＿＿＿＿＿＿＿＿＿＿＿＿＿＿

因为＿＿＿＿＿＿＿＿＿＿＿＿＿＿＿＿＿＿＿＿＿＿＿＿＿＿＿＿＿＿＿＿＿＿＿＿

＿＿＿＿＿＿＿＿＿＿＿＿＿＿＿＿＿＿＿＿＿＿＿＿＿＿＿＿＿＿＿＿＿＿＿＿＿＿

工作表单 2 如表 7-12 所示。

表 7-12

工作表单 2	安全座椅的分类与选择	姓名		班级	
		评分人		评分	

1. 爸爸妈妈为星星选择的安全座椅是否合适？为什么？

爸爸妈妈为星星选择的安全座椅是否合适：＿＿＿＿＿＿＿＿＿＿＿＿＿＿＿＿＿＿＿＿＿；原因是：

＿＿＿＿＿＿＿＿＿＿＿＿＿＿＿＿＿＿＿＿＿＿＿＿＿＿＿＿＿＿＿＿＿＿＿＿＿＿＿。

2. 儿童安全座椅的分类有哪些？作为照护者，应该如何为婴幼儿选择合适的安全座椅？

（1）儿童安全座椅的分类。

① 按接口方式分类：安全座椅有＿＿＿＿＿种接口方式，分别是＿＿＿＿＿、＿＿＿＿＿和

＿＿＿＿＿。

② 按摆放方向分类。

卧式：一般有可摇摆的底部，还具有把手，可作手提篮用，适用于＿＿＿＿＿以内的婴幼儿。

后向式（又称可调式）：婴幼儿乘坐的方向朝向车辆后方，使用时婴幼儿往往斜躺着，配备有多点式安全带，适用于＿＿＿＿＿岁的婴幼儿。

＿＿＿＿＿（又称增高垫式）：婴幼儿乘坐的方向朝向车辆前方，使用时婴幼儿正常坐着，一般与成人安全带组合使用，适用于＿＿＿＿＿岁以上的婴幼儿。

可转换式：既可后向式也可前向式使用，一般适用于较大年龄区间的婴幼儿，开始采用后向式，婴幼儿足够高后改用前向式，适用于＿＿＿＿＿岁的婴幼儿。

（2）安全座椅的选择。

在选择安全座椅时，要注意结合婴幼儿的＿＿＿＿＿和＿＿＿＿＿，选择合适的尺寸。

年龄组级别	生理特点	安全座椅
婴幼儿型	出生到 13 千克，出生到 15 个月	选择提篮，能够平躺的＿＿＿＿＿安全座椅
婴幼儿型	9～18 千克，9 个月到 4 周岁	选择＿＿＿＿＿安全座椅
学童型	15～25 千克，3～7 周岁	选择＿＿＿＿＿安全座椅
儿童安全座椅	22～36 千克，6～12 周岁	选择＿＿＿＿＿安全座椅

工作表单 3 如表 7-13 所示。

表 7-13

工作表单 3	安全座椅的安装及使用注意事项	姓名		班级	
		评分人		评分	

1.　　关于安全座椅的安装，爸爸妈妈各有自己的观点，谁的观点正确？

＿＿。

2. 如何安装各种类型的安全座椅？

（1）安全座椅的安装位置、方向及角度。

在通常条件下，婴幼儿照护者需要将安全座椅安装在＿＿＿＿＿＿＿位置，尽量保持后向安装，且＿＿＿＿＿＿＿安装在有安全气囊的位置上。

＿＿＿＿＿＿＿是安全座椅安装的最佳位置，这个位置能降低婴幼儿在汽车撞击中受伤的概率。但如果该位置不具备安装条件，也可把座椅安装于其他两个座位。

后向式安全座椅都设有角度调节器，可以参照说明书和婴幼儿的自身情况，按要求设置倾斜度，以保证婴幼儿头部不往下坠。后向式安全座椅的倾斜角度为＿＿＿＿＿＿＿。

（2）安全座椅的安装方法。

① 安全带固定安装方法：拉出＿＿＿＿＿＿＿，穿过安全座椅固定后继续抽拉剩余织带，确保安全带已定位后＿＿＿＿＿＿＿座椅，确认安装牢靠。可以通过安全带松紧程度和座椅底座的摇摆程度来判断，摇摆程度越＿＿＿＿＿＿越＿＿＿＿＿＿，检查安全座椅上用来卡住安全带的锁是否已经锁死，安全带固定方式的汽车座椅需要在每次使用前检查其固定的牢固程度。

② ISOFIX /LATCH 接口安装方法：找到后排座位下的＿＿＿＿＿＿＿装置，将安全座椅放于后座上，把连接杆插入固定装置，抓住座椅的前部，用力向前推，以便锁定连接杆，确认连接牢固。若有上拉带，可连接于后背的行李固定环。

③ 安全座椅的调整：调整安全座椅的安装＿＿＿＿＿＿＿、靠背＿＿＿＿＿＿＿、头枕＿＿＿＿＿＿＿，以及参考使用＿＿＿＿＿＿＿决定是否保留原有的内衬垫等。在安装五点式安全带时，切记不可把安全带拉得＿＿＿＿＿＿＿或太紧，安全带和婴幼儿身体应保留＿＿＿＿＿＿＿厚度的空间。夏季，可搭配安全座椅专用小凉席；冬季，根据需要可以让婴幼儿脱掉羽绒服乘坐安全座椅。

3. 使用安全座椅时应该注意什么？

① 不要将安全座椅安装在有安全气囊的汽车＿＿＿＿＿＿＿座位上。

② 确保安全座椅的安全带的＿＿＿＿＿＿＿及护垫的位置完全符合安全座椅的使用要求。

③ 穿过安全座椅的安全带必须保持＿＿＿＿＿＿＿。

④ 不要把物品放在＿＿＿＿＿＿＿上，以免紧急刹车时这些物品伤害到婴幼儿。

⑤ 不要对＿＿＿＿＿＿＿做任何修改或添加部件，以免影响其安全性和功能。

⑥ 不要让座椅接触＿＿＿＿＿＿＿物质。

4. 反思评价

（1）有的家长觉得没有必要安装安全座椅，你将如何说服他们？

（2）请对本次任务进行评价，填写表 7-14。

表 7-14

评价内容	自　　评
课堂活动参与度	☆ ☆ ☆ ☆ ☆
小组活动贡献度	☆ ☆ ☆ ☆ ☆
学习内容接受度	☆ ☆ ☆ ☆ ☆

5. 学习支持

LATCH 接口：婴幼儿乘坐车辆时使用的下扣件和拴带的接口，于 2002 年 9 月 1 日开始使用，起源于美国。LATCH 接口如图 7-1 所示。

图 7-1

ISOFIX 接口：安全座椅固定系统，它是一个关于在汽车中安置儿童座椅的新标准。这一标准正在为众多汽车制造商所接受，其作用是使安全座椅的安装变得快速而简单。有的车辆该接口是看不见的，使用之前需要配上一个插入向导，有的车辆该接口打开即可使用。

ISOFIX 接口如图 7-2 所示。

图 7-2

LATCH 接口基于美国标准，LATCH 和 ISOFIX 接口两种固定方式有共同性。LATCH 接口是兼容 ISOFIX 接口的，也就是说有 LATCH 接口的一定也可以安装 ISOFIX 接口的座椅，但是只有 ISOFIX 接口的就不能使用 LATCH 接口的座椅，因为其缺少一个固定点。

一般车辆会同时提供背部两个 ISOFIX 接口和顶端 LATCH 接口共计三个固定装置。将安全座椅放在后排座位上，释放座位上的三个固定装置待用，将底部两个 ISOFIX 接口与安全座椅左右两个 ISOFIX 接口相连；当 ISOFIX 接口都连接好之后，需要用身体的力量向下压住安全座椅，收紧 ISOFIX 连接带，将安全座椅牢牢地固定在车辆上；当固定住 ISOFIX 接口之后，将顶部的 LATCH 接口取出，与专有的车载 LATCH 接口相连接，并收紧连接带；当三个接口都连接固定完毕，最后查看安全座椅侧面自带的水平检测器，保证其小球全部在绿色的区域内，则安全座椅安装合格。

ISOFIX 接口与 LATCH 接口的安装方式如图 7-3 所示。

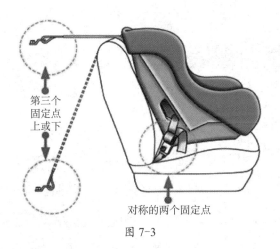

第三个
固定点
上或下

对称的两个固定点

图 7-3

安全带接口方式就是汽车本身的接口方式，它具有非常好的兼容性，通用性高，可以满足不同型号的安全座椅或不同标准的车型使用。绝大多数车型的安全座椅采用安全带方式，该方式使用简单、方便。

安全带与安全座椅接口的安装方式如图 7-4 所示。

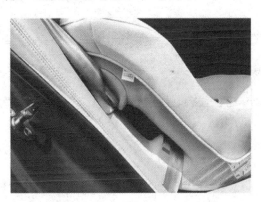

图 7-4

安全座椅最常见的保护婴幼儿的安全系统就是使用五点式安全带，安全带通过两边肩膀、臀部固定到双腿之间的卡扣上。安全带能紧贴骨盆（胯部和臀部安全带）、肩膀和胸部（肩带）。发生事故时，当婴幼儿在安全座椅内前移，松紧合适的安全带能"抓住"他们并且立即阻止他们的位移，同时将撞击力分散到身体的骨骼上。

任务五　儿童推车的出行安全

1. 情境描述

爸爸妈妈带着果果在山区景点游玩，由于担心孩子走不动山路，爸爸把儿童推车也带上了。在山路上，果果累了，爸爸推着儿童推车一路前行。妈妈去卫生间前顺手把包挂在了儿童推车上，留爸爸独自照顾西西。这时候，手机响了，爸爸把儿童推车停在路边接起了电话，忘记了踩下儿童推车的轮闸。由于山路有坡度，挂着重物的儿童推车顺着坡度往后溜。爸爸这才想起没有固定好轮闸，慌忙一路小跑追儿童推车，果果早已经吓得哇哇大哭。爸爸赶紧抱起果果安抚他。

问题：

（1）结合案例，说一说造成这一惊险状况的原因。在使用童车的时候有哪些注意事项？（完成工作表单1）

（2）童车的分类有哪些？它们的使用规范是什么？（完成工作表单2）

2. 任务目标

（1）能说出童车的种类及使用规范。

（2）能正确使用各种童车。

（3）能在照护中关心和爱护婴幼儿。

3. 工作表单

工作表单1如表7-15所示。

表 7-15

工作表单 1	使用童车的安全注意事项	姓名		班级	
		评分人		评分	

1. 结合案例，说一说造成这一惊险状况的原因是什么?

造成儿童推车溜滑的原因是：_____

_____。

2. 在使用童车的时候有哪些注意事项?

（1）童车使用前应注意：

① 打开或者闭合童车时，_____让婴幼儿靠近；

② 检查车内的螺母、螺钉是否_____，躺椅是否灵活可用，轮闸是否灵活_____；

③ 不要在沙地或有泥水的地方推车，连接部位、转动部位等处进入沙土后会影响童车_____；

④ 下雪天或路面结冰时不能使用童车，路面_____的时候也应该倍加留意；

⑤ 不要将童车放在_____的附近，因为塑料件有可能因高温变形。

（2）童车使用中应注意：

① 乘坐童车时，必须系腰部_____（儿童自行车除外），松紧程度以_____为适当；

② 乘坐童车时，_____让婴幼儿从车子上站起来；

③ 婴幼儿乘坐在童车上时，照护者不得_____，童车需要停下不动时，必须固定好_____，确认童车不会自己溜滑。不要过分依赖刹车，它不具备汽车刹车的性能。

④ 下楼梯或者越过障碍时，_____连婴幼儿带车一起提起，建议一手抱婴幼儿，一手拎车子；

⑤ 不要推行过快，普通速度（一般每小时_____）会比较舒适，也有安全保障。

（3）使用后应注意将童车应存放在婴幼儿_____的地方，以免婴幼儿自行爬入造成童车翻倒而受伤。

工作表单 2 如表 7-16 所示。

表 7-16

工作表单 2	童车的分类及使用规范	姓名		班级	
		评分人		评分	

1. 童车的分类有哪些?

童车是儿童玩具中的一大门类,其中包括儿童自行车、儿童推车、婴幼儿学步车、儿童三轮车、儿童电动玩具车五大类。适合 1~3 岁婴幼儿使用的童车有_____、_____、_____。使用这些童车时都应掌握相应的使用规范。

2. 如何正确使用童车?

① 婴幼儿学步车。

_____以上的婴幼儿可以使用婴幼儿学步车,过早使用可能会导致婴幼儿颈椎和脊柱畸形,还会增加腿部压力,导致 O 型腿,每次使用不要超过_____小时,要注意不能让婴幼儿在学步车里_____。

② 儿童推车。

_____月的婴幼儿可以使用中轮儿童推车,因为这个年龄段的婴幼儿经常拒绝系车上的安全带,而且活泼好动。中轮儿童推车,往往柔软舒适,比大轮儿童推车的重量轻,高度适中,便于婴幼儿自己爬上爬下。30~36 月的婴幼儿建议使用_____儿童推车,婴幼儿身体越来越结实,对推车的舒适度要求降低,而且出行频率增多。随着婴幼儿体重的增加,儿童推车的重量最好减少,方便推行。

③ 儿童电动玩具车。

_____月以上的婴幼儿可以独立乘坐电动玩具车,但需要由家长使用遥控器进行控制;24 月以上的婴幼儿可以使用儿童电动玩具车的油门踏板进行自行控制。不管多大的婴幼儿,在使用电动玩具车时都需要家长在一旁照看,以确保安全。

4. 反思评价

（1）当婴幼儿喜欢开着电动玩具车乱跑时，作为照护者你打算如何解决这个事情？

（2）请对本次任务进行评价，填写表 7–17。

表 7–17

评价内容	自　评
课堂活动参与度	☆ ☆ ☆ ☆ ☆
小组活动贡献度	☆ ☆ ☆ ☆ ☆
学习内容接受度	☆ ☆ ☆ ☆ ☆

5. 学习支持

1）儿童推车及使用规范

儿童推车是需要有人协助推着或者拉着才行走的车子，一般由遮阳篷、座垫、睡篮及防霾罩等组成。根据婴幼儿的成长情况、使用用途，儿童推车又可以分成很多种类，如双胞胎儿童推车、高景观儿童推车、遮阳篷儿童推车、口袋推车等。儿童推车主要是依照载重量为标准的，一般测试标准为 9～15kg，使用年限一般为 3～5 年。儿童推车主要为学步前儿童设计，使用时应注意推车的安全性，除了整车的结构牢固外，还需要关注推车有没有锁紧机构和锁紧保险装置。如果只有锁紧机构而无锁紧保险装置，一旦锁紧机构失灵，就会发生婴幼儿的严重伤害事故。儿童推车上围离座垫的高度应符合不低于 180mm 的标准，肩带、叉带、跨带、带扣等安全带及装置能承受 300N 的拉力，以保护婴幼儿不致因安全带及装置不牢固而意外跌出车外造成伤害。儿童推车的永久紧固件，受到来自任何方向的 **90N** 力时都不得脱落或损坏。

对于 0～1 岁婴幼儿：一定要购买高大的儿童推车（高景观）。因为汽车尾气污染严重，而且都是下沉到接近路面 35cm 处。如果婴幼儿坐得很低，就是最大的受害者。汽车尾气会影响婴幼儿的大脑发育，造成智力损伤。6 个月以内的婴幼儿，或者需要长时间乘坐儿童推车的婴幼儿，最好平躺出行。因为婴幼儿仍然十分娇嫩，平躺是最健康的姿势。有汽车的家长，应该考虑给婴幼儿使用安全提篮。这样，既可以保证开车出行的安全，又不用担心打扰婴幼儿睡觉（1 岁以内的婴幼儿，大部分时间是在睡觉），下车时直接把安全提篮从汽车里面移出，安装在儿童推车上就可以推走了。

0～3 岁的婴幼儿均可以使用儿童推车，但一定要根据婴幼儿的生理特点来使用儿童推车。如 6 月左右的婴幼儿，刚学会坐立，如果较长时间坐在儿童推车里，除了会造成缺氧外，还可能导致脊柱发生变形，因路面不平会造成推车左右摇晃，有对婴幼儿造成伤害的风险。

12～30 月的婴幼儿可以使用中轮高车型儿童推车。因为这个年龄段的婴幼儿经常拒绝系安全带，而且活泼好动。大轮轮车太高，婴幼儿容易从上掉下来。中轮推车，往往柔软舒适，比大轮推车的重量轻，高度适中，便于婴幼儿自己爬上爬下。但要注意，一定要在照护者的监护下让婴幼儿乘坐儿童推车。

中轮高车型儿童推车如图 7-5 所示。

图 7-5

30～36 月的婴幼儿建议使用小轮轻便型儿童推车，该月龄婴幼儿的身体越来越结实，对儿童推车的舒适度要求降低，而且出行频率增多。随着婴幼儿体重的增加，儿童推车的重量最好减少，方便推行。

简易儿童推车如图 7-6 所示。

图 7-6

儿童推车的组成部件如下（见图 7-7）。

（1）遮阳篷：能防风挡雨的遮阳篷是儿童推车的必备部件之一，遮阳篷大小关系到遮阳范围及防风的作用。此外有一种特别设计的阳伞，可以固定在车架上，同时可以调整方向和高低，其优点是可以掌握日照方向并较为通风。遮阳篷通常可以拆下，或者可以往车后方垂下或紧靠椅背，遮阳篷上方要有开窗的透明设计，以便随时探视婴幼儿的状况。

（2）座垫：座垫可说是与婴幼儿最贴身的部件，设计时会依照儿童推车大小或收折方式而不同。一般来说，坐卧两用的儿童推车其座垫较宽敞及厚实；而有些轻便的儿童推车因为轻巧的要求，座垫通常是单层布面支撑。

（3）睡篮：睡篮是儿童推车必不可少的一部分。睡篮可以提着也可以安装在儿童推车上，在婴幼儿睡着的时候可以把睡篮安装在儿童推车上推出门。

（4）防霾罩：防霾罩可以贴合固定在儿童推车上，可以保证婴幼儿能呼吸到新鲜空气。雾霾对婴幼儿的危害比成人大，易导致呼吸道疾病。

图 7-7

2）婴幼儿学步车及使用规范

学步车是婴幼儿进行学习走路的工具。婴幼儿学步车来源于西方，是婴幼儿会走路之前的代步工具，一般由底盘框架、上盘座椅、玩具音乐盒三部分组成。

婴幼儿学步车如图 7-8 所示。

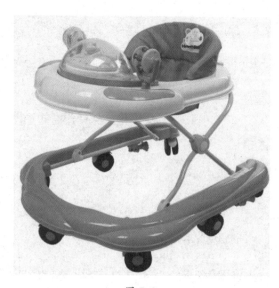

图 7-8

8 个月以上的婴幼儿可以使用婴幼儿学步车，过早使用可能会导致婴幼儿颈椎和脊柱畸形，还会增加腿部压力，导致 O 形腿，每次使用不要超过 1 小时，要注意不能让婴幼儿在学步车里睡觉。

婴幼儿学步车将婴幼儿固定在其内，当婴幼儿需要活动时，借助车轮毫不费力地滑行，可以减少婴幼儿的活动量。学步是需要力气的，婴幼儿长期用学步车，会出现发育异常：两膝盖内侧突出膨大，两小腿向外撇，两膝关节靠拢时踝关节不能并拢，看上去像"X"形；有的则演变成两条小腿向外弯曲，两踝关节并拢时（立正姿势），膝关节不能靠拢而呈"O"形，也就是所谓的"罗圈腿"。

3）儿童电动玩具车及使用规范

儿童电动玩具车是由电动机驱动、操作方便的玩具车，儿童可自行驾驶，亦可亲子互动，大多带有遥控器，由于有包围式的座位，婴幼儿一般不会从车上摔下来。1 岁以上的婴幼儿可以独立乘坐，但需要家长使用遥控器进行控制。2 岁以上的婴幼儿基本可以通过油门踏板自行控制，但仍需有照护者进行照看，以确保安全。

儿童电动玩具车如图 7-9 和图 7-10 所示。

图 7-9

图 7-10

童车选购小贴士：

第一、选购儿童推车，应检查推车的开启是否方便，检查安全带及锁紧、保险装置是否牢固、灵活可用。国家标准中对儿童推车的安全带要求为：其上围高于坐垫180mm，肩带、叉带、跨带的最小宽度分别为15mm、20mm、50mm。

第二、儿童推车座兜和扶手之间的深度要在180mm以上，座兜过浅，婴幼儿在车中翻身或扭动时重心偏移，容易造成翻车事故；座兜前面的绑带宽度要在50mm以上，过窄易将婴幼儿勒伤。质量好的儿童推车，一般都有双保险，只要操作正确是不会发生突然折叠事故的。

第三、儿童推车的锁紧、保险装置是缺一不可的，推车上部的遮阳伞是由一套"锁紧"装置控制的，这套装置一定要牢固，而且应安装在婴幼儿伸手够不着的地方，因为婴幼儿一旦触动"锁紧"装置易伤手。

第四、使用儿童推车前，父母一定要反复详细地阅读使用说明书，尤其是"注意事项"和"维护保养"栏目，按照说明将保险装置一一挂牢，一定要现场操作，并认真检查。当儿童推车开启后，必须开启锁紧和保险机构才能折叠推车，车轮应装有制动机构。儿童推车的制动装置可防止车子停放时溜坡打滑，购买时应当场检测制动装置的灵活性及有效性。儿童推车应在成人监护下使用。

总而言之，给婴幼儿选购儿童推车要从安全角度多做一些考虑。另外，儿童推车并非功能越多越值得购买，要选择实用的儿童推车。

四、模块测试

（一）理论知识部分

1. 判断题

（1）选择私家车外出时，应该使用安全座椅。（　　　）

（2）现在提倡使用婴幼儿学步车。（　　　）

（3）婴幼儿可以在学步车里面睡觉。（　　　）

（4）童车的刹车都是性能很好的，不用担心童车会溜滑。（　　　）

（5）乘坐童车时，必须系腰部安全带。（　　　）

（6）春季带婴幼儿外出时，可以选择薄裤子。（　　　）

2. 填空题

（1）_____月的婴幼儿可以使用中轮高车型儿童推车。

（2）_____月的婴幼儿建议使用小轮轻便型儿童推车。

（3）乘坐童车时，必须系腰部安全带（儿童自行车除外），松紧程度以放入大人_____为适当。

（4）由于春季昼夜温差较大，所以婴幼儿出行衣服要_____，保护心、胸、背、腹、脚。

（5）婴幼儿乘坐在童车上时，照护者不得离开，需要停下不动时，必须固定_____，确认童车不会自己溜滑。

3. 简答题

（1）谈谈带领婴幼儿步行外出时需要注意哪些安全问题？

（2）如何准备婴幼儿春季出行的衣服和护理用品？

（3）如何普及安全座椅的使用知识？

（4）怎样选择既有利于婴幼儿身体发展又富有乐趣的童车？

（二）技能操作部分

该项操作的评分标准包含评估、计划、实施、评价四个方面的内容，总分为100分。测试时间12分钟，其中环境和物品准备2分钟，操作10分钟。儿童推车使用的考核标准如表7-18所示。

表7-18　儿童推车使用的考核标准

考核内容		考核点	分值	评分要求	扣分	得分	备注
评估（15分）	照护者	着装整齐，无长指甲，穿平跟鞋	3	不规范扣1～2分			
	环境	评估环境是否干净、整洁、安全，温湿度是否适宜	3	未评估扣3分，不完整扣1～2分			
	物品	用物准备齐全，儿童推车能正常使用	3	少一个扣1分，扣完3分为止			
	婴幼儿	评估婴幼儿的生命体征、精神状态，有无异常、不适	6	未评估扣6分，不完整扣3分			
计划（5分）	预期目标	口述目标：选择合适的儿童推车并能熟练操作	5	未口述扣5分			
实施（60分）	童车选择	1.出行前检查婴幼儿身体、天气等状况	2	未检查扣2分			
		2.口述根据婴幼儿的年龄选择合适的儿童推车	3	未口述或口述不正确扣3分			
	童车使用	1.示范使用儿童推车前的检查工作	10	未检查扣10分，漏查一处扣3分，扣完10分为止			
		2.将婴幼儿安放于儿童推车内，系好安全带	10	操作不规范扣10分，动作不熟练扣5分			

（续表）

考核内容		考核点	分值	评分要求	扣分	得分	备注
实施 （60分）	童车 使用	3. 口述示范儿童推车各种功能操作	5	未口述或不正确扣5分			
		4. 示范在使用儿童推车后正确停放	10	操作不规范扣10分，动作不熟练扣5分			
		5. 口述儿童推车使用安全事项	10	无口述或不正确扣4分			
	整理 记录	整理用品，安置好婴幼儿仿真模型	5	未整理扣5分，整理不到位扣2～3分			
		记录儿童推车使用情况	5	未记录扣3分，记录不完整扣1～2分			
评价（20分）		1. 儿童推车选择合适	5	实施使用过程中有一处错误扣5分			
		2. 使用儿童推车操作规范、动作熟练	5	操作不规范、不熟练酌情扣1～3分			
		3. 态度和蔼，操作过程动作轻柔，关爱婴幼儿	5	操作过程关爱婴幼儿不够酌情扣1～3分			
		4. 整理记录	5	整理不够全面酌情扣1～3分			
总分			100				

参考文献

［1］彭英.婴幼儿照护职业技能教材（初级）［M］.长沙：湖南科学技术出版社，2020.

［2］彭英.婴幼儿照护职业技能教材（基础知识）［M］.长沙：湖南科学技术出版社，2020.

［3］宋彩虹.婴幼儿生活活动保育［M］.上海：华东师范大学出版社，2019.

［4］任刊库，李玮，李翩翩.0～3岁婴幼儿保育与教育［M］.长沙：湖南师范大学出版社，2019.

［5］文颐.0～3岁婴幼儿的保育与教育［M］.北京：高等教育出版社.

［6］杨玉红，赵孟静.0～3岁婴幼儿保育与教育［M］.北京：首都师范大学出版社，2020.

［7］丁昀.育婴员（初级）［M］.北京：中国劳动社会保障出版社，2013.

［8］丁昀.育婴员（基础知识）［M］.北京：中国劳动社会保障出版社，2013.

［9］张兰香.0～3岁婴幼儿保育与教育［M］.北京：北京师范大学出版社，2017.

［10］邹春雷.婴幼儿营养与饮食调理全书［M］.北京：中国妇女出版社，2016.